单片机C语言设计100例

主　编　邵淑华
副主编　张校珩　张晓红

金盾出版社

内 容 提 要

本书以 MCS-51 为目标机型，利用 100 个通俗易懂的编程实例带领读者入门，全书主要内容包括：背景知识、典型 51 单片机介绍、KEIL 软件、C 语言基本语句及程序设计、函数、数组与指针、MCS-51 单片机的编程实用技术、综合开发实例等。

本书由浅入深，语言通俗，可作为引领单片机学习者轻松入门和快速上手的自学读本，也可作为高校相关专业教学参考书或实训指导书。

图书在版编目(CIP)数据

单片机 C 语言设计 100 例/邵淑华主编. —北京：金盾出版社,2013.9
ISBN 978-7-5082-8531-3

Ⅰ.①单… Ⅱ.①邵… Ⅲ.①单片微型计算机—程序设计②C 语言—程序设计 Ⅳ.①TP36811②TP312

中国版本图书馆 CIP 数据核字(2013)第 149720 号

金盾出版社出版、总发行
北京太平路 5 号(地铁万寿路站往南)
邮政编码:100036 电话:68214039 83219215
传真:68276683 网址:www.jdcbs.cn
封面印刷:北京凌奇印刷有限责任公司
正文印刷:北京军迪印刷有限责任公司
装订:兴浩装订厂
各地新华书店经销
开本:787×1092 1/16 印张:12.75 字数:305 千字
2013 年 9 月第 1 版第 1 次印刷
印数:1～5 000 册 定价:31.00 元

前　言

单片机以其体积小、功能全、性价比高等诸多优点,在工业控制、尖端武器、通信设备、信息处理、家用电器等嵌入式应用领域中独占鳌头。随着科技的发展,单片机的种类不断增加,功能上也有了许多改进和提高。嵌入式系统、片上系统等概念的提出,51单片机的发展又进入了一个新的阶段。

单片机教学在许多人看来非常困难,入门难、提高更难,尤其是在学习汇编指令方面。本书本着由浅入深的原则,细致地讲解了从单片机的内部结构到指令系统再到程序的编写,其中每段程序代码都配有详细的注释,大部分的程序都是针对硬件结构而编写的,让读者理解程序的同时能更进一步地掌握其硬件结构。

本书分为两大部分,其中,基础部分包括七十多个实例。第1章主要介绍单片机的基本知识;第2章介绍一个典型的51单片机;第3章介绍了KEIL软件的使用;第4章介绍C语言基本语句;第5章函数;第6章介绍数组与指针;第7章C语言程序设计;第8章中断控制、定时/计数器,介绍了单片机存储器扩展技术;第9章单片机串行通信系统;第10章输入输出接口技术;第11章综合开发实例。本书在教学中可以根据不同专业不同学时等情况选择使用。

本书由邵淑华主编,张校珩、张晓红副主编,参加本书编写的还有张亮、胡振波、孙燕、张伯虎、曹振华、曹峥、孔海颖、张胤涵等,在编写过程中参阅了相关书籍,在此对相关作者表示感谢。

由于作者水平有限,书中难免会有不妥之处,诚恳地希望专家和读者批评指正。

作　者

目 录

第 1 章
单片机的基本知识

随着电子技术的飞速发展,各种形形色色的智能电子产品走进我们的生活。在这些电子产品中不乏单片机的身影,其中那些所谓的"智能"部分的工作就可以由单片机来控制完成。单片机主要应用于工业控制方面,同时,也应用到通信、检测等各行各业。本章主要介绍了单片机的概念、分类、特点及应用领域等内容。

1.1 概　述

1. 单片机的概念

单片机是指一个集成在一块芯片上的完整计算机系统。在一块小芯片上有一个完整计算机所需要的大部分部件:CPU、内存、内部和外部总线系统,目前大部分还会具有外存。同时,还集成了通讯接口、定时器、实时时钟等外围设备。现在最强大的单片机系统称之为片上系统,在一块芯片内可以集成声音、图像、网络、数模转换等复杂的输入输出系统。在通用微机中央处理器基础上,将输入/输出(I/O)接口电路、时钟电路以及一定容量的存储器等部件集成在同一芯片上,再加上必要的外围器件,如晶体振荡器,就构成了一个较为完整的计算机硬件系统。由于这类计算机系统的基本部件均集成在同一芯片内,因此被称为单片微控制器(Single-Chip-Micro Controller,简称单片机)或微控制单元(MicroController Unit,简称 MCU)。

2. 单片机的分类

(1)根据应用领域分类

1)工控型/家电型。工控型的单片机主要是面向测控,要求寻址范围大,运算能力强。家电型的单片机要求体积小、价格低,外围器件少,使用方便。

2)总线型/非总线型。总线型单片机是指单片机设有并行总线,用以扩展并行外围器件。非总线型单片机是指单片机通过串行口与外围器件连接,或直接把外围器件、外设接口集成在片内。

3)通用型/专用型。通用型单片机,它的应用范围很宽,如 Intel 公司的 MCS-5l 系列产品 8031、8051 等通过不同的外围扩展就可以用在不同的设备中。专用型单片机是专门为某一产品设计生产的,如电子体温计、计费电度表等。

(2)按字长分类

1)4-BIT 单片机。4 位单片机的控制功能较弱,CPU 一次只能处理 4 位二进制数。这类单片机常用于计算器、各种形态的智能单元以及作为家用电器中的控制器。

2)8-BIT 单片机。8 位单片机和 4 位单片机相比,不仅具有较大的存储容量和寻址范围,而且中断源、并行 I/O 接口和定时/计数器个数都有了不同程度的增加,并集成有全双工串行通信接口。在指令系统方面,普遍增设了乘除指令和比较指令。特别是 8 位机中的高性能增强型单片机,片内除增加了 A/D 和 D/A 转换器外,还集成有定时器捕捉/比较寄存器、监视定时器(Watchdog)、总线控制部件和晶体振荡电路等。这类单片机片内资源丰富,功能强大,主要在工业控制、智能仪表、家用电器和办公自动化系统中应用。

3)16-BIT 单片机。16 位单片机是在 1983 年以后发展起来的。这类单片机的特点是:CPU 是 16 位的,运算速度普遍高于 8 位机,有的单片机的寻址能力高达 1MB,片内含有 A/D 和 D/A 转换电路,支持高级语言。这类单片机主要用于过程控制、智能仪表、家用电器以及作为计算机外部设备的控制器等。

4)32-BIT 单片机。32 位单片机的字长为 32 位,是单片机的顶级产品,具有极高的运算速度。随着家用电子系统的新发展,32 位单片机的市场前景看好。继 16 位单片机出现后不久,几大公司先后推出了代表当前最高性能和技术水平的 32 位单片微机系列。32 位单片机具有极高的集成度,内部采用新颖的 RISC(精简指令系统计算机)结构,CPU 可与其他微控制器兼容,主频频率可达 33MHz 以上,指令系统进一步优化,运算速度可动态改变,设有高级语言编译器,具有性能强大的中断控制系统、定时/事件控制系统、同步/异步通信控制系统。代表产品有 Intel 公司的 MCS-80960 系列、Motorola 公司的 M68300 系列、Hitachi 公司的 Super H(简称 SH)系列等。

(3)按制造工艺分类

1)HMOS 工艺。高密度短沟道 HMOS 工艺,具有高速度、高密度的特点。

2)CHMOS(或 HCMOS)工艺。互补的金属氧化物的 HMOS 工艺,是 CMOS 和 HMOS 的结合,具有高密度、高速度、低功耗的特点。Intel 公司产品型号中若带有字母"C",Motorola 公司产品型号中若带有字母"HC"或"L",通常为 CHMOS 工艺。

1.2　单片机技术发展

1. 单片机发展经历的三个阶段

单片机诞生于 20 世纪 70 年代末,经历了 SCM、MCU、SOC 三大阶段。

1)SCM 即单片微型计算机(Single Chip Microcomputer)阶段,是为单片机发展奠定基础的主要阶段;是寻求最佳的单片形态嵌入式系统的最佳体系结构。

2)MCU 即微控制器(Micro Controller Unit)阶段,主要的技术发展方向是:不断扩展满足嵌入式应用时,对象系统要求的各种外围电路与接口电路,突显其对象的智能化控制能力。它所涉及的领域都与对象系统相关,因此,发展 MCU 的重任不可避免地落在电气、电子技术厂家上。从这一角度来看,Intel 逐渐淡出 MCU 的发展也有其客观因素。在发展 MCU 方面,最著名的厂家当数 Philips 公司。Philips 公司以其在嵌入式应用方面的巨大优势,将 MCS-51 从单片微型计算机迅速发展到微控制器。

3)SOC 技术,是一种高度集成化、固件化的系统集成技术。使用 SOC 技术设计系统的核心思想,就是要把整个应用电子系统全部集成在一个芯片上。在使用 SOC 技术设计应用系统时,除了那些无法集成的外部电路或机械部分以外,其他所有的系统电路全部集成在一起。随着微电子技术、IC 设计、EDA 工具的发展,基于 SOC 的单片机应用系统设计会有更大的发展。

因此,对单片机的理解可以从单片微型计算机、单片微控制器延伸到单片机应用系统。

2. 单片机的发展趋势

随着制造工艺不断提高,单片机将朝着体积小、功耗低、容量大、性能高、外围电路内装化等几个方面发展。

1) 低功耗。由于 CHMOS 技术的进步,CMOS 芯片除了低功耗特性之外,还具有功耗的可控性,使单片机可以工作在功耗精细管理状态。单片机芯片多数是采用 CMOS(金属栅氧化物)半导体工艺,静态电流可降到 $1\mu A$ 以下。低功耗化的效应不仅是功耗低,而且带来了产品的高可靠性、高抗干扰能力以及产品的便携化。

2) 容量大。以往单片机内的 ROM 为 $1\sim4KB$,RAM 为 $64\sim128B$,但在需要复杂控制的场合,该存储容量是远远不够的,必须进行外接扩充。为了适应这种领域的要求,须运用新的工艺,使片内存储器大容量化。目前,单片机内 ROM 最大可达 64KB,RAM 最大为 2KB。

3) 性能高。主要是指进一步改变 CPU 的性能,加快指令运算的速度和提高系统控制的可靠性。采用精简指令集(RISC)结构和流水线技术,可以大幅度提高运行速度。现在指令速度最高者已达 100MIPS(Million Instruction Per Seconds,即兆指令每秒),并加强了位处理、中断和定时控制功能。这类单片机的运算速度比标准的单片机高出 10 倍以上。由于这类单片机有极高的指令速度,可以使用软件模拟其 I/O 功能,由此引入了虚拟外设的新概念。

4) 外围电路内装。这是单片机发展的主要方向。随着集成度的不断提高,有可能把众多的各种外围功能器件都集成在片内。除了一般必须具有的 CPU、ROM、RAM、定时/计数器等以外,片内集成的部件还有模/数转换器、DMA 控制器、声音发生器、监视定时器、液晶显示驱动器、彩色电视机和录像机用的锁相电路等。

5) 串行扩展技术。在很长一段时间里,通用型单片机通过三总线结构扩展外围器件成为单片机应用的主流结构。随着低价位 OTP(One Time Programable)以及各种特殊类型片内程序存储器的发展,加之外围接口不断进入片内,推动了单片机"单片"应用结构的发展。特别是 I^2C,SPI 等串行总线的引入,可以使单片机的引脚设计得更少,单片机系统结构更加简化和规范化。

1.3 单片机的应用领域

目前,只要有智能电子应用的地方我们都能见到单片机的身影。例如:导弹的导航装置,飞机上各种仪表的控制,计算机的网络通信与数据传输,工业自动化过程的实时控制和数据处理,广泛使用的各种智能 IC 卡,民用豪华轿车的安全保障系统,录像机、摄像机、全自动洗衣机的控制,以及程控玩具、电子宠物等等。单片机广泛应用于仪器仪表、家用电器、医用设备、航空航天、专用设备的智能化管理以及过程控制等领域,大致可分以下几个范畴。

1. 在智能仪器仪表上的应用

单片机具有体积小、功耗低、控制功能强、扩展灵活、微型化和使用方便等优点,广泛应用于仪器仪表中,结合不同类型的传感器,可实现诸如电压、功率、频率、湿度、温度、流量、速度等物理量的测量。例如精密的测量设备(功率计、示波器、各种分析仪)等等。

2. 在家用电器中的应用

所有的智能家电基本上都采用了单片机控制,例如电饭煲、洗衣机、电冰箱、空调机、彩电、音响、视频器材等等。

3. 在通信领域中的应用

单片机普遍具备通信接口,可以很方便地与计算机进行数据通信,为在计算机网络和通信设备间的应用提供了极好的物质条件。例如手机、小型程控交换机、楼宇自动通信呼叫系统、列车无线通信、无线电对讲机等等。

4. 在工业控制中的应用

单片机在工业控制领域的应用越来越广,例如数据检测系统、数据采集系统、工厂流水线的智能化管理系统、电梯智能化控制系统、各种报警系统等等。

5. 在医用设备领域中的应用

单片机在医用设备中的用途亦相当广泛,例如医用呼吸机、各种分析仪、监护仪、超声诊断设备以及病床呼叫系统等等。

6. 在汽车设备领域中的应用

单片机在汽车电子中的应用非常广泛,例如汽车中的发动机控制器、基于 CAN 总线的汽车发动机智能电子控制器、GPS 导航系统、ABS 防抱死系统、制动系统等等。

此外,单片机在工商、金融、科研、教育、国防、航空航天等领域也都有着十分广泛的用途。

1.4　典型单片机芯片的简介

1. Intel 单片机

Intel 公司的单片机产品主要有 MCS-48、MCS-51 和 MCS-96 系列。其中 MCS-48 系列单片机属于低档单片机,功能较弱,目前很少使用。MCS-51 系列单片机是 Intel 公司于 1980 年推出的高性能 8 位单片机,它的片内 RAM 和 ROM 容量、I/O 功能系统的扩展能力以及指令系统的功能都很强。MCS-51 系列单片机采用模块式结构,一般采用 HMCS 和 CHMOS 工艺制造,这两种单片机完全兼容。CHMOS 工艺比较先进,它具有 HMOS 的高速度和 CMOS 的低功耗的特点。美国 Intel 公司生产的 MCS-51 系列单片机特性见表 1-1。

表 1-1　Intel 公司单片机典型产品特性

系列	典型芯片	I/O 口	定时/计数器	中断源	串行通信口	片内 RAM	片内 ROM	封装
51 系列	80C31	4×8 位	2×16 位	5	UART	128 字节	无	40
	80C51	4×8 位	2×16 位	5	UART	128 字节	4kB 掩膜 ROM	40
	87C51	4×8 位	2×16 位	5	UART	128 字节	4kBEPROM	40
	89C51	4×8 位	2×16 位	5	UART	128 字节	4kBEEPROM	40
52 系列	80C32	4×8 位	2×16 位	6	UART	256 字节	无	40
	80C52	4×8 位	2×16 位	6	UART	256 字节	8kB 掩膜 ROM	40
	87C52	4×8 位	2×16 位	6	UART	256 字节	4kBEPROM	40
	89C52	4×8 位	2×16 位	6	UART	256 字节	4kBEEPROM	40

2. MOTOROLA 单片机

　　MOTOROLA 是世界上最大的单片机厂商,品种全、新产品多是其特点。在 8 位机方面有 68HC05 和升级产品 68HC08。68HC05 有 30 多个系列,200 多个品种,产量已超过 20 亿片。16 位机 68HC16 也有十多个品种。32 位单片机的 683XX 系列也有几十个品种。MOTOROLA 单片机特点之一,是在同样速度下所用的时钟频率较 Intel 类单片机低得多,因而使得高频噪声低、抗干扰能力强,更适合用于工业控制领域及恶劣环境。常用单片机特性见表 1-2。

表 1-2　常用单片机性能表

公司	系列	片内 ROM	片内 RAM	寻址范围	并行口	串行口	定时器/计数器	中断
Intel	MCS-48	IK/4K	64/256B	4KB	3×8 位	/	1×8	2
	MCS-51	4K/8K	128/256B	64KB	4×8 位	URAT	2×16	5/6
	8XC51FX	8/32K	256B	64K	4×8 位	URAT	3×16	7
	8XC51GB	8K	256B	64K	6×8 位	2URAT	3×16	15
Moto-rola	6801	2K/4K	128/256B	64K	3×8 位 1×5 位	UART	3×16 位	2
	6805	1K/4K	64B/112B	2K/8K	2×8 位 1×4 位	/	1×8 位	1/4
	68HC11A	8K	256B	64K	22～38 位	1SCI 1SPI	16 位	20
Zilog	Z8	2K/4K	124B	64K	8×1 位 4×4 位 1×8 位	UART	2×8 位	6
Fairchild	F8	/	64K	4K	2×8 位	/	/	/
NEC	UPD78XX	4K/6K	128/256B	64K	6×8 位	UART	1×12 位	3
TI	TMS7000	2K/12K	128B	64K	4×8 位	UART	1/2×13 位	2/6
NS	8070	2K/2.5K	64B/128B	64/128K	5×8 位	UART	/	/
Philips	8XC552	8K	256B	64K	6×8 位	UART	3×16 位	15

3. Microchip 单片机

　　Microchip 单片机是市场份额增长最快的单片机。它的主要产品是 16C 系列的 8 位单片机,CPU 采用 RISC 结构,仅 33 条指令,其高速度,低电压,低功耗,大电流 LCD 驱动能力和低价位 OTP 技术等,都体现出单片机产业的发展新趋势。Microchip 单片机没有掩膜产品,Microchip 强调节约成本的最优化设计、使用量大、档次低、价格敏感的产品。

4. Atmel 单片机

　　ATMEL 公司的 90 系列单片机是增强 RISC 内载 Flash 的单片机,通常简称为 AVR 单片机,90 系列单片机是基于新的精简指令 RISC 结构的。这种结构是在 90 年代开发出来的,综合了半导体集成技术和软件性能的新结构,其使得 8 位微处理器市场上的 AVR 单片机具有最高 MIPS 能力。它内部含具有 Flash 存储器的高性能 CMOS 8 位单片机,片内含 4k bytes 的可系统编程的 Flash 只读,程序存储器器件采用 ATMEL 公司的高密度、非易失性存储技术生产,兼容标准 8051 指令系统及引脚。它集成 Flash 程序存储器,既可在线编程(ISP),也可使用传统方法进行编程及通用 8 位微处理器于单片机芯片。到目前为止,已形成三大系列,即 AT89 系列、AT90 系列和 AT91 系列。

5. NEC 单片机

NEC 单片机有 8 位、16 位、32 位。16 位以上单片机采用内部倍频技术,以降低外时钟频率。有的单片机采用内置操作系统。特性见表 1-2。

6. 东芝单片机

东芝单片机种类繁多,从 4 位单片机到 64 位单片机都有。4 位机在家电领域仍有较大的市场。8 位机主要有 870 系列、90 系列等,该类单片机允许使用慢模式,采用 32K 时钟时功耗低至 10uA 数量级。CPU 内部多组寄存器的使用,使得中断响应与处理更加快捷。东芝的 32 位单片机采用 MIPS3000A RISC 的 CPU 结构,面向 VCD、数字相机、图像处理等市场。

习题

1-1　什么是单片微型计算机? 它在结构上与典型的微型计算机有什么区别?

1-2　单片机有哪些主要特点?

1-3　单片机主要应用在哪些领域?

1-4　目前有哪几种流行的单片机机型?

1-5　单片机的发展趋势是什么?

1-6　单片机的发展经历了哪几个阶段?

第2章
MCS-51单片机基础知识

MCS-51系列单片机是美国Intel公司于1980年推出的产品,其典型芯片主要包括8031、8051和8751等通用产品,本书是以8051为例来介绍MCS-51系列单片机。本章主要介绍MCS-51系列单片机的基本结构、存储器、并行I/O端口、时钟电路及单片机复位工作方式等内容。

2.1 MCS-51 单片机的基本知识

1. MCS-51 单片机内部基本结构(如图2-1所示)

2. MCS-51 单片机的主要特点

1)内部程序存储器ROM:4K的存储容量。

2)内部数据存储器RAM:256B(128B RAM和SFR)。

3)寄存器:设4个工作寄存器区,每个区有R0~R7 8个工作寄存器。

4)4个8位并行输入输出端口:P0、P1、P2和P3。

5)2个16位的定时/计数器T0、T1。

6)全双工的串行端口SBUF(引脚分别为:RXD接收端、TXD发送端)。

7)中断系统:设有5个中断源(/INT0、/INT1、T0、T1和串行口)。

8)存储器扩展:可外接64K的ROM和64K的RAM。

3. MCS-51 内部器件简介

MCS-51单片机CPU是8位微控制器,是单片机的核心部件,包括两个基本部分:运算器和控制器。图2-1中去掉存储器电路和I/O部件后,其余的便是CPU。

(1) 运算器

运算器包括算术运算部件ALU(Arithmetic Logic Unit)、累加器ACC、寄存器B、程序状态字寄存器PSW(Program Status Word)、位处理器。

1)算术逻辑运算部件ALU。ALU由加法器和其他逻辑电路等组成。主要完成各种算术运算和逻辑运算,其典型操作包括对8位数据进行算术加、减、乘、除及逻辑与、或、异或、取反等运算,以及循环移位、位操作等。

2)累加器ACC。累加器ACC,简称累加器A,它是一个8位寄存器,是内、外存储器交换数据的门户。同时,在算术运算和逻辑运算时,通常在累加器A中存放一个参加操作的数,而ALU的运算结果又存入累加器A中。它在各类操作中扮演着"大管家"的角色。通常A中不存放最终结果。

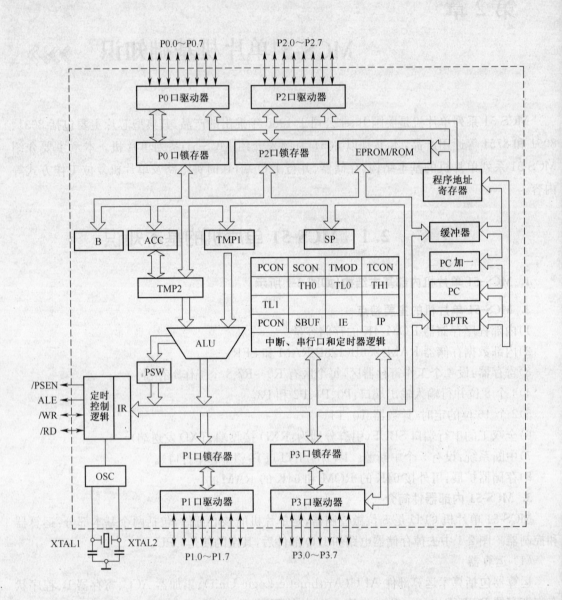

图 2-1   MCS-51 系列单片机的内部基本结构

3) 寄存器 B。寄存器 B 通常与寄存器 A 配合使用,用于乘、除法运算。寄存器 B 作为存放中间结果的暂存寄存器使用。

4) 程序状态字寄存器 PSW。PSW(program state word)是一个 8 位寄存器,用于寄存当前指令执行的某些状态,反映指令执行过程中的一些特征状态。比如:运算结果是否溢出、是否有进位等。

PSW 寄存器的字节地址是 D0H,格式见表 2-1。

表 2-1　PSW 寄存器字节地址格式

PSW：	CY	AC	F0	RS1	RS0	OV	—	P
位地址（H）	D7	D6	D5	D4	D3	D2	D1	D0

其中四个状态标志位定义如下：

CY：进/借位标志位，有时表示为 C。在进行加/减法运算时影响该位。如果运算过程中最高位 D7 向前有进/借位时，CY 位置 1；否则置 0。同时，CY 位是位操作的纽带，CY 也称为布尔累加器。循环移位指令和比较转移指令也会影响 CY 位。

AC：半进位标志位。在进行加/减法运算时，如果低半字节向高半字节有进/借位，则 AC 标志置 1；否则置 0。AC 标志位用于 BCD 码加/减法运算是否进行 DAA 调整的依据之一。

P：奇偶标志位。该标志位始终跟踪累加器 A 的内容的奇偶性，如果结果中 A 内有奇数个 1，则标志 P 置 1；否则置 0。是串行通信中检验数据传输是否正确的条件。

OV：溢出标志位。带符号数算术运算时，如果结果发生溢出，则 OV 标志置 1；否则置 0。

计算机中，带符号数通常是用补码表示的，对于单字节二进制补码，其所能表示数的范围是 $-128 \sim +127$，如果运算结果超过了这个数值范围，就称为溢出。一般两个同号数相加或两个异号数相减时，有可能发生溢出；而两个同号数相减或两个异号数相加，则不会发生溢出。

【实例 1】　正数加法溢出实例

$$
\begin{array}{ll}
\quad\ 00011000 & （+28） \\
+)\ 01111100 & （+124） \\
\hline
\end{array}
$$

CY=0　　10010100　　（结果为负数）

【实例 2】　负数加法溢出实例

$$
\begin{array}{ll}
\quad\ 10000111 & （-121 的补码） \\
+)\ 10000111 & （-121 的补码） \\
\hline
\end{array}
$$

CY=1　　00001110　　（结果为正数）

由上面例子可以看出，当两个正数相加，若和超过 +127 时，其结果的符号由正变负，即得出负数，显然，这个结果是错误的。原因是两正数相加，和数为 +152＞+127，即超出了 8 位正数所能表示的最大值，使数值部分占据了符号的位置，产生了溢出错误，这时 OV=1。同理，两负数相加，结果应为负数，但因和数为 $-242 ＜ -128$，有溢出而使结果为正数，显然，这个结果是错误的，此时 OV=1。

判断是否溢出的条件：（第六位向前进位）异或（第七位向前进位）

当异或结果为 1，即 OV=1 时，表示有溢出；当异或结果为 0，即 OV=0，表示无溢出。如上述两例分别为：OV=（0 异或 1=）1，OV=（1 异或 0=）1，故两例运算都产生溢出。

F0：是由用户软件自行设定的。

RS1、RS0：工作寄存器组指针，用以选择指令当前工作的寄存器组。用户用软件改变 RS1 和 RS0 的组合，从而指定当前选用的工作寄存器组。各组地址编码见表 2-2 所示。

MCS-51 单片机在复位后，RS1=RS0=0，所以，CPU 自动选中组 0 作为当前工作寄存器组。根据需要,用户可以通过传送指令或位操作指令来改变 RS1 和 RS0 的状态,任选一组工作寄存器区。这个特点提高了程序中保护现场和恢复现场的速度。

表 2-2　寄存器组的选择

PSW. 4(RS1)	PSW. 3(RS0)	寄存器组	片内 RAM 地址
0	0	0 组	00H～07H
0	1	1 组	08H～0FH
1	0	2 组	10H～17H
1	1	3 组	18H～1FH

【实例 3】　工作寄存器区的选择实例

Sbit　Lamp1＝PSW^3

Sbit　Lamp2＝PSW^4

Lamp1＝0　Lamp2＝0　　　选定第 0 组

Lamp1＝0　Lamp2＝1　　　选定第 1 组

Lamp1＝1　Lamp2＝0　　　选定第 2 组

Lamp1＝1　Lamp2＝1　　　选定第 3 组

(2)控制器

控制器是用来控制计算机工作的部件,它包括程序计数器 PC、指令寄存器、指令译码器、堆栈指针 SP、数据指针 DPTR、时钟发生器和定时控制逻辑等。控制器的功能是:接受来自存储器的指令,进行译码,并通过定时和控制电路,在规定的时刻发出指令操作所需的各种控制信息和 CPU 外部所需的各种控制信号,使各部分协调工作,完成指令所规定的操作。

1)程序计数器 PC(Program Counter)。程序计数器 PC 是 16 位专用寄存器,表示下一条要执行指令的 16 位地址。CPU 总是把 PC 的内容送往地址总线,作为选择存储单元的地址,以便从指定的存储单元中取出指令,译码和执行。

PC 具有自动加 1 的功能。当 CPU 顺序地执行指令时,PC 的内容以增量的规律变化着,于是当一条指令取出后,PC 就指向下一条指令的地址。如果不按顺序执行指令,转移到某地址再继续执行指令,这时在跳转之前必须将转向的程序入口地址送往程序计数器,以便从该入口地址开始执行程序。由此可见,PC 实际上是一个地址指示器,改变 PC 中的内容就可以改变指令执行的次序,即改变程序执行的路线。当系统复位后,PC＝0000H,CPU 便从这一固定的入口地址开始执行程序。

2)堆栈指针 SP(Stack Pointer)。堆栈是在内存 RAM 中开辟的一块存储区域(通常在 30～7FH),专门用来暂时存放数据或返回地址,并按照"后进先出(LIFO)"的原则进行操作。

堆栈的一端是固定的,称为栈底;另一端是浮动的,称为栈顶。堆栈指针 SP 是一个 8 位寄存器,用它存放栈顶的地址。系统复位后 SP 初始化为 07H,每次使用堆栈时 SP 需重新赋值。

入栈时,SP 先加 1 后入栈,将数据压入 SP 所指定的地址单元;

出栈时,先出栈后减 1,将 SP 所指示的地址单元中的数据弹出,然后 SP 自动减 1。因此,SP 总是指向栈顶。

3)数据指针 DPTR(Data Pointer)。数据指针 DPTR 是一个 16 位的地址寄存器,专门用来存放 16 位地址指针,作间接寄存器使用。它可指向 64K 字节范围内的任一存储单元,也可以分成高字节 DPH 和低字节 DPL 两个独立的 8 位寄存器。

4)指令寄存器、指令译码器和 CPU 定时控制。CPU 从程序存储器内取出的指令首先送到指令寄存器,然后送入指令译码器,由指令译码器对指令进行译码,即把指令转变成执行该指令所需要的信号,再通过 CPU 的定时和控制电路,发出特定的时序信号,使计算机正确地执行程序所要求的各种操作。

2.2　MCS-51 的引脚功能

MCS-51 单片机采用 40 引脚双列直插封装(DIP)形式。对于 CHMOS 单片机除采用 DIP 形式外,还采用方形封装工艺。由于受到引脚数目的限制,所以有一些引脚具有第二功能。图 2-2 是 MCS-51 的引脚图和逻辑符号。在单片机的 40 条引脚中,有 2 条专用于主电源的引脚,2 条外接晶体的引脚,4 条控制和其他电源复用的引脚,32 条输入输出的引脚。下面介绍这些引脚的名称和功能。

1. 主电源引脚 Vcc 和 Vss

Vcc:接+5V 电源。

Vss:接电源地。

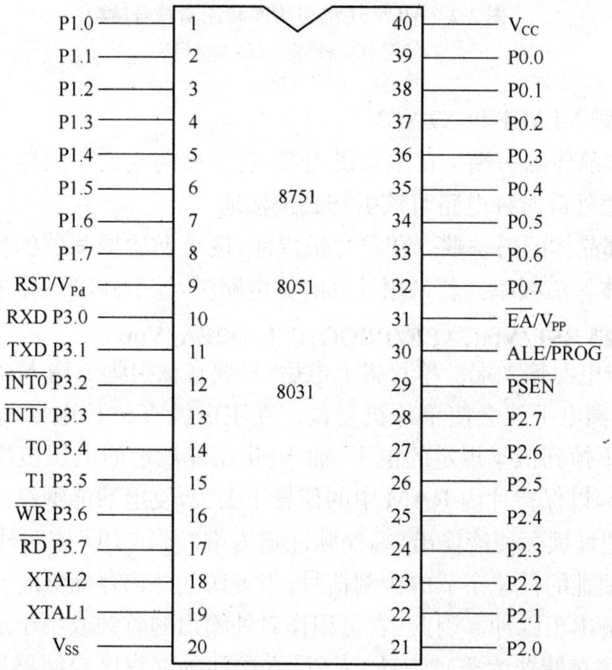

(a)

图 2-2　MCS-51 的引脚图和逻辑符号

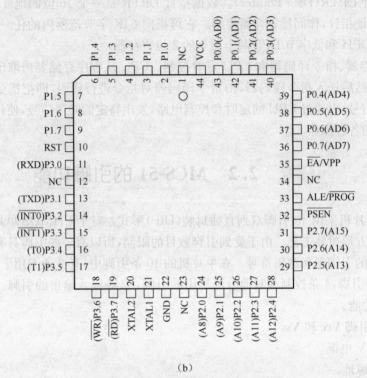

(b)

图 2-2   MCS-51 的引脚图和逻辑符号(续)

(a)双列直插封装   (b)方形封装

2. 时钟电路引脚 XTAL1 和 XTAL2

XTAL1：接外部晶体的一端。在单片机内部，它是反向放大器的输入端,该放大器构成了片内振荡器。在采用外部时钟电路时该引脚必须接地。

XTAL2：接外部晶体的另一端。在单片机内部,接至上述振荡器的反向放大器的输出端,振荡器的频率是晶体振荡频率。若采用外部时钟电路时,该引脚输入作为外部时钟的输入端。

3. 控制信号引脚 RST/Vpd，ALE/PROG，PSEN和EA/Vpp

RST/Vpd：复位电源输入端。单片机上电后,只要在该引脚上输入 24 个振荡周期(2 个机器周期)宽度以上的高电平就会使单片机复位。在主电源 Vcc 掉电期间,该引脚可接上＋5V 备用电源。当 Vcc 下掉到低于规定的电平,而 Vpd 在其规定的电压范围内时,Vpd 就向片内 RAM 提供备用电源,以保持片内 RAM 中的信息不丢失,复电后能继续正常运行。

ALE/$\overline{\text{PROG}}$：地址锁存使能输出/编程脉冲输入端。当 CPU 访问外部存储器时,ALE 的输入作为外部锁存地址的低位字节的控制信号;当不访问外部存储器时,ALE 端仍以 1/6 的时钟振荡频率固定的输出正脉冲。因此,它可用作对外输出的时钟或用于定时。

$\overline{\text{PSEN}}$：外部程序存储器读选通信号。CPU 在访问外部程序存储器期间,每个机器周期中信号两次有效。但在此期间,每当访问外部数据存储器时,这两次有效的信号不出现,就可以驱动 8 个 LSTTL 负载。

$\overline{\text{EA}}$/Vpp:外部访问允许/编程电源输入。当输入高电平时,CPU 执行程序在低 4KB (0000H～0FFFH)地址范围内,访问片内程序存储器;在程序计数器 PC 的值超过 4KB 的地址时将自动转向执行片外程序存储器的程序。当输入低电平时,CPU 仅访问片外程序存储器。因此,对于 8031 来说,由于片内无程序存储器,因此,EA 必须接低电平。

在对 8751EPROM 编程时,此引脚接＋21V 的编程电压 Vpp。

4. 输入/输出(I/O)引脚 P0,P1,P2 和 P3

P0.0～P0.7:P0 口是一个 8 位双向 I/O 端口。在访问片外存储器时,它分时提供低 8 位地址和作 8 位双向数据总线。在对 EPROM 编程时,从 P0 口输入指令字节;在验证程序时,则输出指令字节(验证时,要外接上拉电阻)。P0 口能以吸收电流的方式驱动 8 个 LSTTL 负载。

P1.0～P1.7:P1 是 8 位准双向 I/O 端口。在对 EPROM 编程时,它输入低 8 位地址。P1 口能驱动 4 个 LSTTL 负载。

P2.0～P2.7:P2 是 8 位准双向 I/O 端口。当 CPU 访问外部存储器时,它输出高 8 位地址。在对 EPROM 编程和验证程序时,它输入高 8 位地址。P2 口可驱动 4 个 LSTTL 负载。

P3.0～3.7:P3 是 8 位准双向 I/O 端口,是一个复用功能口。作为第一功能使用时,为普通 I/O 口,其功能和操作方向与 P1 口相同;作为第二功能使用时,各引脚的定义见表 2-3。P3 口的每一条引脚均可独立定义为第一功能的输入输出或第二功能。P3 口能驱动 4 个 LSTTL 负载。

表 2-3　P3 各口线的第二功能表

口线	第二功能
P3.0	RXD(串行口输入)
P3.1	TXD(串行口输出)
P3.2	/INT0(外部中断 0 输入)
P3.3	/INT1(外部中断 1 输入)
P3.4	T0(定时器 0 的外部输入)
P3.5	T1(定时器 1 的外部输入)
P3.6	/WR(外部数据存储器"写"信号输出)
P3.7	/RD(外部数据存储器"读"信号输出)

2.3　CPU 时钟电路与时序

MCS-51 系列单片机的时钟电路产生单片机工作所需要的同步触发信号,单片机工作是在一个同步时序信号的指挥下,在时钟信号控制下按照特定的时序进行工作的。

2.3.1　时钟电路

1. 内部时钟方式

MCS-51 单片机内部有一个用于构成振荡器的高增益反向放大器,引脚 XTAL1 和

XTAL2 分别是该放大器的输入和输出端。在 XTAL1 和 XTAL2 两端接一个片外石英晶体或陶瓷谐振器就构成了稳定的自激振荡器。内部时钟方式的外部元件连接如图 2-3 所示。外接石英晶体时，电容 C1 和 C2 的值均为 30PF。接入电容 C1 和 C2 有利于振荡器起振，对频率有微调作用。振荡频率由石英晶体的谐振频率确定。一般，振荡频率范围是 1.2 MHz～12MHz。为了减少寄生电容，更好地保证振荡器正常工作，石英晶体或陶瓷谐振器和电容尽可能安装得与单片机芯片靠近。

对于 CHMOS 型的 80C51 单片机，因内部时钟发生器的信号取自反向放大器的输入端，故采用外部时钟脉冲信号时，外部时钟信号应接至 XTAL1，而 XTAL2 悬空。

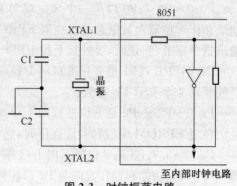

图 2-3   时钟振荡电路

2. 外部时钟方式

在由多个单片机组成的系统中，为了保持同步，往往需要统一的时钟信号，可采用外部时钟信号引入的方法。外接信号应是高电平持续时间大于 20ns 的方波，且脉冲频率应低于 12MHZ。如图 2-4 和图 2-5 所示。

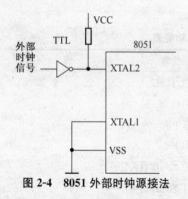

图 2-4   8051 外部时钟源接法

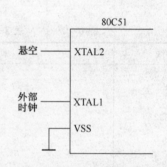

图 2-5   80C51 外部时钟源接法

2.3.2   CPU 时序

时序是用定时单位来说明的。MCS-51 系列单片机的时序定时单位共有四个，从小到大依次是拍节、状态、机器周期、指令周期。下面分别加以说明。

1. 时钟周期 TOSC

时钟周期是为单片机提供定时信号的振荡源的周期，也称为振荡周期，是单片机的基本时间单位。若晶振的振荡频率为 f_{osc}，那么时钟周期为 $T_{osc} = 1/f_{osc}$。

2. 状态周期 S

状态周期是 CPU 从一个状态转换到另一个状态所需的时间。一个机器周期包括 6 个 S 状态 S1～S6。每个 S 状态分为 2 （拍）个振荡周期（相位 P1，相位 P2）。

3. 机器周期

MCS-51 系列单片机采用定时控制方式，它有固定的机器周期，一个机器周期宽度为 6 个状态,依次表示为 S1~S6。由于一个状态有 2 个节拍,因此一个机器周期总共有 12 个节拍,记作:S1P1,S1P2,…S6P2。因此,机器周期是振荡脉冲的 12 分频。

当振荡脉冲频率为 12MHz 时,一个机器周期为 1μs。

4. 指令周期 T

指令周期是执行一条指令所需的全部时间。MCS-51 单片机的指令周期通常由 1~4 个机器周期组成。

以上各周期之间关系见表 2-4。

表 2-4　各周期之间的关系

外接晶振为 6MHz	外接晶振为 12MHz
时钟周期＝1/6μs	时钟周期＝1/12μs
状态周期＝1/3μs	状态周期＝1/6μs
机器周期＝2μs	机器周期＝1μs
指令周期＝2μs~8μs	指令周期＝1μs~4μs

2.4　复位方式和复位电路

单片机在上电操作,或者在单片机的 RST/VPD 端持续给出 2 个机器周期的高电平时,使得单片机内部各寄存器的值变为初始状态的操作称为复位。

2.4.1　复位操作

单片机在启动运行、运行出错或死机时都需要复位,使 CPU 和系统各个部件都处于一个初始状态,并从这个状态开始工作。在 MCS-51 单片机的 RST 端输入 4 个振荡周期(两个机器周期)以上的高电平,单片机便进入复位状态。在复位时,输出信号 ALE、$\overline{\text{PSEN}}$ 为高电平,复位以后单片机内部寄存器的初始状态。见表 2-5。

复位不影响片内 RAM。复位后,P0~P3 口输出高电平,且使准双向口皆处于输入状态,并将 07H 写入堆栈指针 SP。同时,PC 指向 0000H,使单片机从起始地址 0000H 开始重新执行程序。

表 2-5　内部寄存器的初始状态

寄存器	内容	寄存器	内容
PC	0000H	TMOD	
A	00H	TCON	00H
B	00H	TH0	00H
PSW	00H	TL0	00H
SP	07H	TH1	00H
DPTR	0000H	TL1	00H
P0~P3	0FFH	SCON	00H
IP	×××00000B	SBUF	不定
IE	0××00000B	PCON	0×××××××

2.4.2　复位方式

RST 引脚是复位信号的输入端,复位信号是高电平有效,高电平的有效时间应持续 2 个机器周期以上。

2.4.3　复位电路

MCS-51 内部复位结构如图 2-6 所示。复位引脚 RST/Vpd 通过一个施密特触发器(用来抑制噪声)与内部复位电路相连。施密特触发器的输出在每个机器周期内的 S5P2 由复位电路采用一次,当 RST 引脚上出现 10ms 以上稳定的高电平时,MCS-51 就能可靠地进入复位状态。

MCS-51 单片机通常采用上电自动复位和开关手动复位两种方式。

1. 上电复位

所谓上电复位,是指单片机只要一上电。便自动进入复位状态。图 2-7(a)是上电复位电路。在通电瞬间,电容 C 通过电阻 R 充电,RST 端出现正

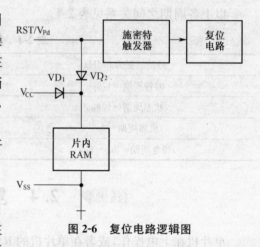

图 2-6　复位电路逻辑图

脉冲,用以复位。关于参数的选定,应保证复位高电平持续时间(即正脉冲宽度)大于 2 个机器周期。

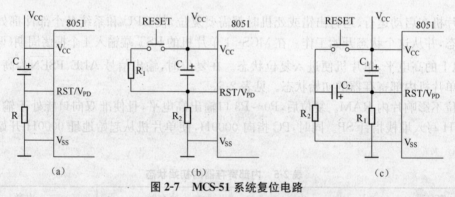

图 2-7　MCS-51 系统复位电路

(a)上电复位　(b)按键电平复位　(c)按键脉冲复位

2. 手动复位

所谓手动复位,是通过接通按钮开关,使单片机进入复位状态。系统上电运行后,若需要复位,一般都通过手动复位来实现。通常手动复位和上电复位相组合,其电路如图 2-7(b)所示。如果按钮开关偶然按下不起时,系统将连续复位,单片机就不能进行正常的工作。在实际应用系统中,为了保证复位电路可靠地工作,常将 RC 电路产生的复位信号经施密特触发电路整形,然后接入单片机的复位端和外围电路的复位端。图 2-7(c)是脉冲方式复位,利用微分电

路产生的正脉冲实现复位,解决了 2-7(b)图中偶然遇到的问题。

2.4.4　单片机执行指令的过程

单片机的工作过程是在 PC 指针的引导下完成的,每次按顺序取出一条机器码去执行,PC 自动加一,直到遇到结束指令。指令的机器码一般由操作码和操作数地址两部分组成,操作码在前,操作数地址在后。

1. 连续执行方式

这是程序最基本的方式,即从 PC 指针开始,连续执行程序,直到遇到结束或暂停标志。在系统复位时,PC 总是指向 0000H 地址单元,而实际的程序应从程序存储器的任意位置开始,可通过执行跳转指令使 PC 指向程序的实际起始地址。单片机应用系统就是执行连续工作方式。

2. 单步执行方式

这种方式是指从程序的某地址开始,执行一条指令后停止,等待再次执行指令,主要用于调试程序。单步运行方式是利用单片机的中断结构实现的。

▎▎▎▶ 2.5　MCS-51 的存储器结构

存储器是微型计算机的一个重要组成部分,是存储程序与数据代码的仓库。每个存储单元都有与其对应的地址,存储单元的地址都是唯一的,不同的地址对应不同的存储单元。ROM 和 RAM 是分开编址的,通过不同的指令来区分是访问 ROM 还是 RAM。单片机的存储结构与典型的微型机的存储器结构不同。单片机采用数据存储器和程序存储器分开放置的哈弗结构,而计算机采用数据存储器和程序存储器同在一个存储空间的冯诺依曼结构。

8051 在物理结构上有四个存储空间:片内程序存储器,片外程序存储器,片内数据存储器,片外数据存储器;在逻辑上,即从用户角度上,8051 有三个存储空间:片内外统一编址的 64K 字节的程序存储器地址空间(用 16 位地址),片内 256 字节的数据存储器地址空间(用 8 位地址,其中 128 个字节的专用寄存器的地址空间中仅有 21 个字节有实际意义),片外 64K 字节的数据存储器地址空间。虽然外部数据存储器地址空间与程序存储器地址空间编址相同,但应用不会混乱。

在访问这三个不同的存储空间时,采用不同的指令。

程序存储器(片内、外)统一编址　　　MOVC
数据存储器(片内)　　　　　　　　　　MOV
数据存储器(片外)　　　　　　　　　　MOVX

MCS-51 单片机的存储空间分配如图 2-8 所示。下面分别介绍程序存储器和数据存储器的配置特点。

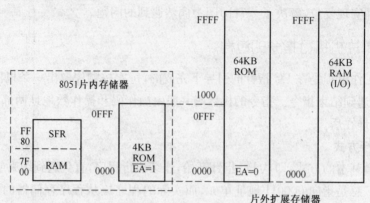

图 2-8   存储器空间分配

2.5.1 程序存储器

程序存储器 ROM 是用来存储程序代码或表格信息的,主要由 PC 指向。8031 内部没有片内 ROM 存储器,8051/8751 有 4KB 片内 ROM/EPROM 存储器,地址范围为 0000H~0FFFH。无论是 8031 还是 8051/8751,都可以外接外部 ROM,但片内和片外之和不能超过64KB。8051 有 64K ROM 的寻址区,其中 0000H~0FFFH 的 4K 地址区域可以为片内 ROM和片外 ROM 公用,1000H~FFFFH 的 60K 地址区域为片外 ROM 所专用。在 0000H~0FFFH 的 4K 地址区,片内 ROM 可以占用,片外 ROM 也可以占用,但不能为两者同时占用,通过 EA 管脚的高低电平决定。若 EA 接+5V 高电平,则机器使用片内 4K ROM;若 EA 接低电平,则机器自动使用片外 ROM。由于 8031 无片内 ROM,故它的 EA 只能接低电平。

在程序存储器起始地址的某些单元留给系统使用时,其他程序不可占用(见表 2-6)。

表 2-6   MCS-51 复位,中断入口地址

入口地址	说　　明
0000H	复位后,PC=0000H
0003H	外部中断 INT0 入口
000BH	定时器 T0 溢出中断入口
0013H	外部中断 INT1 入口
001BH	定时器 T1 溢出中断入口
0023H	串行口中断入口

单片机复位后,程序计数器 PC 的内容为 0000H,即系统从 0000H 单元开始执行程序。一般在 0000H~0002H 单元存放一条绝对转移指令,而用户设计的主程序应从跳转后的地址开始存放,以便 CPU 复位后,PC 从 0000H 起始地址跳转到用户去执行。5 个中断源的中断入口地址间隔都只有 8 个单元,存放中断服务程序往往是不够用的,所以在这些入口存放一条绝对转移指令,使程序转到相应的中断服务程序的起始地址。

2.5.2　数据存储器

数据存储器 RAM 主要用来存放数据、中间结果等。MCS-51 的 RAM 存储器有片内和片外之分：片内 RAM 共 256 个字节，地址范围为 00H～FFH；片外 RAM 共有 64KB，地址范围为 0000H～FFFFH。片内 RAM 与片外 RAM 的低地址空间(0000H～00FFH)是重叠的。为了指示机器是到片内 RAM 寻址还是到片外 RAM 寻址，单片机软件设计者为用户提供了两类不同的传送指令：MOV 指令用于片内 00H～FFH 范围内的寻址，MOVX 指令用于片外 0000H～FFFFH 范围内的寻址。片内 RAM 共有 256 个字节，它们又分为两个部分，低 128 字节(00H～7FH)是真正的 RAM 区，高 128 字节(80H～FFH)为特殊功能寄存器(SFR)区。

1. 低 128 字节 RAM

在低 128 字节 RAM 中，分为工作寄存器区、位寻址区和堆栈、数据缓冲区，如图 2-9 所示。

地址									区域
7FH									数据区域
30H									
2FH	7F	7E	7D	7C	7B	7A	79	78	
2EH	77	76	75	74	73	72	71	70	
2DH	6F	6E	6D	6C	6B	6A	69	68	
2CH	67	66	65	64	63	62	61	60	
2BH	5F	5E	5D	5C	5B	5A	59	58	
2AH	57	56	55	54	53	52	59	58	
29H	4F	4E	4D	4C	4B	4A	49	48	
28H	47	46	45	44	43	42	41	40	位寻址区
27H	3F	3E	3D	3C	3B	3A	39	38	
26H	37	36	35	34	33	32	31	30	
25H	2F	2E	2D	2C	2B	2A	29	28	
24H	27	26	25	24	23	22	21	20	
23H	1F	1E	1D	1C	1B	1A	19	18	
22H	17	16	15	14	13	12	11	10	
21H	0F	0E	0D	0C	0B	0A	09	08	
20H	07	06	05	04	03	02	01	00	
1FH … 18H				3组					
17H … 10H				2组					工作寄存器区
0FH … 08H				1组					
07H … 00H				0组					R7 … R0

图 2-9　内部数据存储器低 128B 配置图

（1）工作寄存器区(00H～1FH)

这 32 个 RAM 单元被安排为 4 组工作寄存器区，如图 2-9 所示，每组有 8 个工作寄存器(R0～R7)，工作寄存器组的选择见表 2-7。通过对 PSW 中 RS1、RS0 的设置，每组寄存器均可选作 CPU 的当前工作寄存器组。若程序中不需要 4 组，其余的可作一般 RAM 使用。CPU 复位后，RS1、RS0 的默认值是 0，因此选中第 0 组寄存器为当前的工作寄存器 R0～R7。

表 2-7　寄存器地址表

寄存器组	RS1RS0	R0	R1	R2	R3	R4	R5	R6	R7
0	0　0	00H	01H	02H	03H	04H	05H	06H	07H
1	0　1	08H	09H	0AH	0BH	0CH	0DH	0EH	0FH
2	1　0	10H	11H	12H	13H	14H	15H	16H	17H
3	1　1	18H	19H	1AH	1BH	1CH	1DH	1EH	1FH

（2）位寻址区（20H～2FH）

这 16 个 RAM 单元具有双重功能。它们既可以像普通 RAM 单元一样按字节存取，也可以对每个 RAM 单元中的任何一位单独存取，即位寻址。这种位寻址是单片机与计算机存储器访问的一个重要区别。20H～2FH 用作位寻址时，共有 16×8＝128 位，每位都分配了一个特定地址，即 00H～7FH，这些地址称为位地址，如图 2-9 所示。位地址在位寻址指令中使用。例如：位地址 01H 可以表示成 20H.1，位地址 78H 可以表示成 2FH.0 等等。

（3）堆栈、数据缓冲区（30H～7FH）

在中断或子程序调用时需要断点保护，那么就引出堆栈的概念。30H～7FH 用于存放用户数据或作堆栈区使用。MCS-51 对数据区中的每个 RAM 单元是按字节存取的。

2. 高 128 字节 RAM－特殊功能寄存器 SFR(Special Function Register)(80H～FFH)

特殊功能寄存器是指有特殊用途的寄存器集合。SFR 的实际个数和单片机型号有关：8051 或 8031 的 SFR 有 21 个，8052 的 SFR 有 26 个。每个 SFR 占有一个 RAM 单元，它们离散地分布在 80H～FFH 地址范围内，不为 SFR 占用的 RAM 单元实际并不存在，是不可访问的。特殊功能寄存器选择见表 2-8。

表 2-8　MCS-51 特殊功能寄存器地址表

SFR	MSB LSB			位地址/位定义				字节地址
B	F7	F6	F5	F4	F3	F2	F1	F0	F0H
A	E7	E6	E5	E4	E3	E2	E1	E0	E0H
PSW	D7	D6	D5	D4	D3	D2	D1	D0	D0H
	C	AC	F0	RS1	RS0	OV	F1	P	
IP	BF	BE	BD	BC	BB	BA	B9	B8	B8H
	/	/	/	PS	PT1	PX1	PT0	PX0	
P3	B7	B6	B5	B4	B3	B2	B1	B0	B0H
	P3.7	P3.6	P3.5	P3.4	P3.3	P3.2	P3.1	P3.0	
IE	AF	AE	AD	AC	AB	AA	A9	A8	A8H
	EA			ES	ET1	EX1	ET0	EX0	

续表 2-8

SFR	MSB LSB			位地址/位定义				字节地址
P2	A7	A6	A5	A4	A3	A2	A1	A0	A0H
	P2.7	P2.6	P2.5	P2.4	P2.3	P2.2	P2.1	P2.0	
SBUF									(99H)
SCON	9F	9E	9D	9C	9B	9A	99	98	98H
	SM0	SM1	SM2	REN	TB8	RB8	T1	R1	
P1	97	96	95	94	93	92	91	90	90H
	P1.7	P1.6	P1.5	P1.4	P1.3	P1.2	P1.1	P1.0	
TH1									(8DH)
TH0									(8CH)
TL1									(8BH)
TL0									(8AH)
TMOD	GATE	C/T	M1	M0	GATE	C/T	M1	M0	(89H)
TCON	8F	8E	8D	8C	8B	8A	89	88	88H
	TF1	TR1	TF0	TR0	IE1	IT1	IE0	IT0	
PCON	SMOD	/	/	/	GF1	GF0	PD	IDL	(87H)
DPH									(83H)
DPL									(82H)
SP									(81H)
P0	87	86	85	84	83	82	81	80	80H
	P0.7	P0.6	P0.5	P0.4	P0.3	P0.2	P0.1	P0.0	

特殊功能寄存器的名称如下：

A(或 ACC)	累加器 A
B	B 寄存器
PSW	程序状态字
SP	堆栈指针
DPTR	数据指针(由 DPH 和 DPL 组成)
P0～P3	P0 口锁存器～P3 口锁存器
IP	中断优先级控制寄存器
IE	中断允许控制寄存器
TMOD	定时/计数器方式控制寄存器
TCON	定时/计数器控制寄存器
TH0	定时/计数器 0(高字节)
TL0	定时/计数器 0(低字节)

TH1	定时/计数器 1(高字节)
TL1	定时/计数器 1(低字节)
SCON	串行口控制寄存器
SBUF	串行口数据缓冲器
PCON	电源控制寄存器

在 21 个 SFR 寄存器中,用户可以通过直接寻址指令对它们进行字节存取。在字节型寻址指令中,直接地址的表示方法有两种:一种是使用物理地址,如累加器 A 用 E0H、B 寄存器用 F0H、SP 用 81H 等等;另一种是采用表 2-7 中的寄存器符号,如累加器 A 要用 ACC、B 寄存器用 B、程序状态字寄存器用 PSW 等表示。这两种表示方法中,后一种方法采用比较普遍,因为比较容易为人们所记忆。在 SFR 中,可以位寻址的寄存器有 11 个,这些寄存器的字节地址均能被 8 整除,这是决定此寄存器能否位寻址的条件。SFR 中的位地址如表 2-7 所示。

2.6   MCS-51 单片机的并行输入输出端口

MSC-51 内部的四个并行端口 P0~P3,在结构上因端口的使用功能不同,其结构和性能也有所不同。MCS-51 单片机的并行端口是一个准双向端口,在使用这些端口的时候要注意。

2.6.1   MSC-51 内部并行端口结构

MCS-51 单片机内部有 4 个 8 位的并行 I/O 口:P0、P1、P2、P3,除了都具有通用的 I/O 功能外,还具有各自不同的其它功能。其中,P1 口、P2 口、P3 口为准双向口,P0 口为双向的三态数据线口。各端口均由端口锁存器、输出驱动器、输入缓冲器构成。各端口除可进行字节的输入/输出外,每个位口线还可单独用作输入/输出,因此,使用起来非常方便。

2.6.2   MCS-51 单片机 I/O 端口工作原理

每组结构大体相同(如图 2-10 所示),P0 由一个锁存器、2 个三态输入缓冲器以及控制电路和驱动电路组成。其中,P2 口结构与 P0 口内部各有一个“二选一”的多路开关,由 CPU 控制分别实现通用 I/O 功能或外部扩展时传输数据和地址信号的总线功能。其中,P0 口作为低 8 位地址总线和数据总线(也称“分时复用总线”);P2 口作为高 8 位地址总线。

(1)P0/P2 作为通用 I/O 端口使用时

“二选一”多路开关的“控制”端=0,多路开关与锁存器 $\bar{Q}$ 端连接,同时“控制”端的“0”电平将端口上端的场效应晶体管 T1 截止(如图 2-10(a))。所以,在 I/O 模式下,如果 P0 口与 MOS 负载连接时,必须外接上拉电阻(10K 左右),否则端口无法输出高电平。

1)写操作。数据通过内部总线在指令周期中的“写信号”作用下锁存到触发器中。当单片机执行 MOV P0,A 输出指令时:

写“0”时:如果数据为 0,则 $\bar{Q}$ 端为 1,使场效应晶体管 T2 饱和导通,端口引脚电平为 0;

写“1”时:如果数据为 1,则 $\bar{Q}$ 端为 0,使场效应晶体管 T2 截止。在这种情况下,端口引脚电平是靠外部上拉电阻(或外接负载的等效上拉电阻)将端口电平拉到高电平的,端口引脚电平为 1。

2)读操作。当单片机执行输入指令时,指令周期中的"读引脚"信号将三态门 T3 打开,引脚电平通过内部总线送到累加器 A。

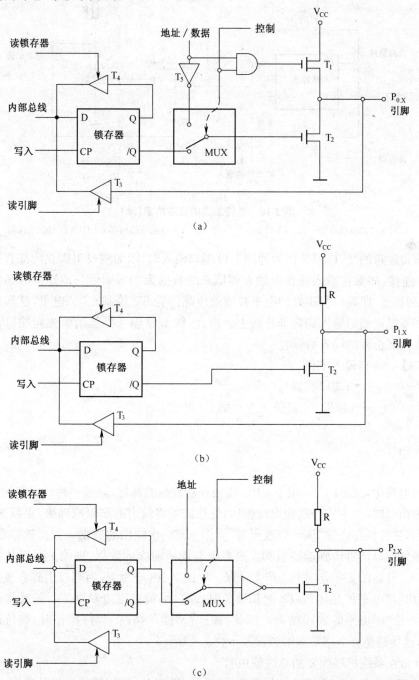

图 2-10　并行端口的位结构图

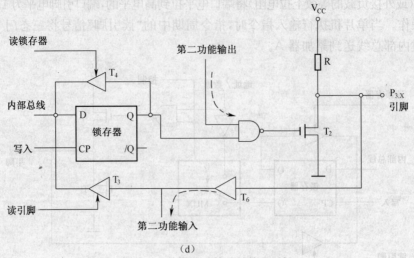

图 2-10　并行端口的位结构图(续)

(a)P0 口的位结构图　(b) P1 口的位结构图　(c) P2 口的位结构图　(d)P3 口的位结构图

但是值得注意的是:P0/P2 作为通用 I/O 端口输入时,因为端口引脚在内部直接与场效应晶体管 T2 连接,如果在输入操作时锁存器原来的数据为"0",则使与地连接的场效应晶体管 T2 处于饱和状态,即端口引脚处的电平被场效应晶体管 T2 箝制在"0"电平,这样外部加在引脚上的电平不能正确地输入到内部总线上。因此,做 I/O 输入操作前应先向端口写"1",以使 T2 截止,来保证正常的读入数据。

【实例 4】　P1 口输入实例

P1＝0xff　　　　　;端口实现写"1"

if(P1＝＝0)　　　　;如果 P1 口输入为 0 则 P3 置全 1

　　{

　　P3＝0xff ;

　　}

在端口电路中,三态门 T4 用于 CPU 读锁存器数据的通道,这是一种较特殊的设计。当端口设计为输出口时,在完成一次输出操作后,往往需要将输出的结果取回来,重新进行修改,然后再次输出,这种操作也称"读—修改—写"操作。前一次输出的数据一方面锁存在触发器中,同时通过场效应晶体管送到端口引脚。要想重新读回前次的数据,理论上可以从端口引脚通过 T₃ 门读入,但是在实际应用中会产生错误。以图 2-10(a)为例,当端口引脚直接与晶体管连接,前次输出"1"电平使晶体管 T2 饱和导通时,端口引脚被钳位在 0.7V,如果将此电平读回时,会得到一个"0"电平的错误结果。因此,在进行"读—修改—写"操作时,端口被设计成从 T₄ 门输入,这样避免外电路带来的错误和干扰。

(2)P0 口在系统扩展作复用总线使用时

当"控制"端＝"1"时,多路开关接收来自"地址/数据"经反相器反相后的数据,此时控制场效应晶体管 T1 的与门被打开;

当"地址/数据"信号＝"1"时：与门输出＝"1"，反相器 T_5 输出＝"0"，因此 T_1 导通、T_2 截止，端口引脚输出高电平。

当"地址/数据"信号＝"0"时：与门输出＝"0"，反相器 T_5 输出＝"1"，因此 T_1 截止、T_2 导通，端口引脚输出低电平。

P0 口做 I/O 时，因电路上端的场效应晶体管始终处于截止状态，所以，必须外接上拉电阻，否则，P0 口不能输出高电平。其外接上拉电阻的阻值可根据实际情况在 1～10K 选择，阻值过大，驱动能力降低；阻值太小，会增加系统的电流消耗。与 I/O 模式不同的是，P0 口在系统扩展作复用总线时，T1、T2 都处于工作状态，因此，在总线方式中 P0 口不用外加上拉电阻。P2 口与 P0 基本相同，区别在于有一个等效高阻值电阻替代了 T1 场效应晶体管。

（3）P1、P3 端口之间的差别

P1/P3 端口、P0/P2 口 端口结构基本相似，工作原理如结构图 2-10 所示。这里不再赘述。

P1、P3 端口之间也有差别，其中 P3 口除了通用 I/O 功能外，还具有第二功能见表 2-8。

P3 口由一个与门实现端口的 I/O 功能与第二功能的选择：I/O 模式时"第二输出功能"为"1"，与门处于打开状态，场效应晶体管 T2 的状态取决于锁存器 Q 端电平；

第二功能输出时，锁存器 Q 端固定为"1"电平，场效应晶体管 T2 的输出取决于"第二输出功能"的电平；第二功能输入时，三态门 T6 打开，引脚信号送入对应的模块电路。

表 2-9　P3 口第二功能引脚定义表

P3 口引脚	第二功能	注　释
$P_{3.0}$	R_XD	串行数据接收口
$P_{3.1}$	T_XD	串行数据发送口
$P_{3.2}$	/INT$_0$	外中断 0 输入
$P_{3.3}$	/INT$_1$	外中断 1 输入
$P_{3.4}$	T_0	计数器 T0 计数输入
$P_{3.5}$	T_1	计数器 T1 计数输入
$P_{3.6}$	/WR	外部 RAM 写选通信号
$P_{3.7}$	/RD	外部 RAM 读选通信号

（4）并行端口如何驱动大电流负载

当端口的负载需要较大的电流时（大约接近 $100\mu A$），就要考虑端口与负载的连接方式了。由于端口结构的特殊性，使 MCS-51 单片机的端口的"拉电流"仅为 $80\mu A$，而"灌电流"可以达到 $20\mu A$，所以，如果使用端口直接驱动大电流负载时，必须采用"灌电流"的连接方式（如图 2-11）。如果使用一个反相驱动器与端口引脚连接，可以实现"拉"和"灌"两种驱动方式，以满足不同的应用场合。当端口负载较轻（如直接与 TTL 或 COMS 器件的输入连接时），不用考虑上述问题。

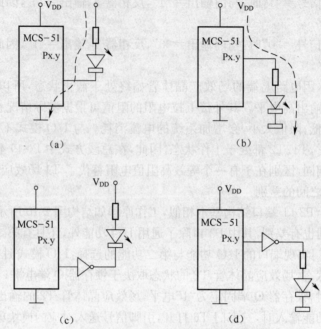

图 2-11   端口驱动大电流负载示意图

(a)灌电流方式端口输出"0"点亮 LED   (b)拉电流方式端口输出"1"点亮 LED

(c)使用驱动器的灌电流方式,端口输出"1"点亮 LED   (d)使用驱动器的拉电流方式端口输出"0"点高 LED

2.7   单片机最小系统应用

【实例 5】   P1 口输出实例

编程说明:P1 口接 8 个 LED 发光二极管使得 8 个灯循环点亮(低电平有效),如图 2-12 所示。

```
#include <reg51.h>
void delay(unsigned int cnt)        //简单的延时
{
while(--cnt);
}
main()
{
P1=0xfe;//给初始化值
while(1)
    {
    delay(30000); //delay at crystal frequency in 12MHz
    P1<<=1;        //左移一位
```

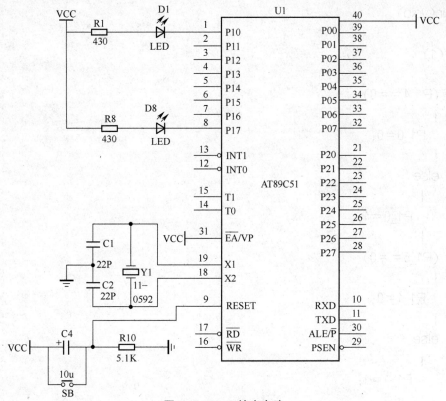

图 2-12　P1 口输出电路

```
P1| = 0x01;          //最后一位补 1
if(P1 = = 0x7f)      //检测是否移到最左端?
  {
    delay(30000);//delay
    P1 = 0xfe;
  }
 }
}
```

【实例 6】 基本输入输出实例

P1.0～P1.3 接四个发光二极管 L1～L4,P1.4～P1.7 接了四个开关 K1～K4,编程将开关的状态反映到发光二极管上(开关闭合,对应的灯亮;开关断开,对应的灯灭)。如图 2-13 所示。

C 语言源程序

```
# include <REGX51.H>
Sbit P1 _ 0 = P1^0
Sbit P1 _ 1 = P1^1
Sbit P1 _ 2 = P1^2
Sbit P1 _ 3 = P1^3
```

```
void main(void)
{
    while (1)
    {
        if (P1_4 = = 0)
        {
            P1_0 = 0;
        }
        else
        {
            P1_0 = 1;
        }
        if (P1_5 = = 0)
        {
            P1_1 = 0;
        }
        else
        {
            P1_1 = 1;
        }
        if (P1_6 = = 0)
        {
            P1_2 = 0;
        }
        else
        {
            P1_2 = 1;
        }
        if (P1_7 = = 0)
        {
            P1_3 = 0;
        }
        else
        {
            P1_3 = 1;
        }
    }
}
```

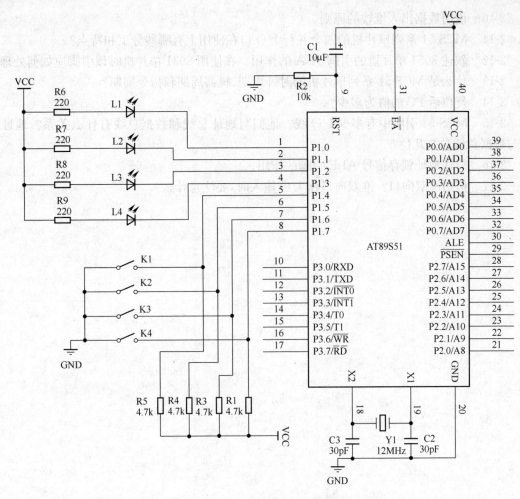

图 2-13　基本输入输出电路

习题

2-1　8051 单片机芯片包含哪些主要逻辑部件？

2-2　8031 单片机的内部 ROM 为多大？

2-3　试分别说明程序计数器 PC 和堆栈指示器 SP 的作用。复位后 PC 和 SP 各为何值？

2-4　简述程序状态字 PSW 中各位的意义。

2-5　8051 内部 RAM 的 256 单元主要划分为哪些部分？各部分主要功能是什么？

2-6　SFR 寄存器可以位寻址的条件是什么？

2-7　简述 8051 单片机的位处理存储器空间分布，内部 RAM 中包含哪些位寻址单元？

2-8　什么是堆栈？堆栈有什么功能？8051 的堆栈可以设在什么区域？

2-9　为什么要对 SP 重新赋值？

2-10   说明数据出入堆栈的原则。

2-11   MCS-51 系列单片机的四个并行 I/O 口在使用上有哪些分工和特点？

2-12   叙述 8051 单片机的引脚 /EA 的作用。在使用 8031 单片机时该引脚应如何处理？

2-13   什么是 MCS-51 系列单片机的时钟周期、机器周期和指令周期？

2-14   复位后 PC 的值为多少？

2-15   MCS-51 引脚中有多少 I/O 线？他们与地址总线和数据总线有什么关系？地址总线与数据总线各是几位？

2-16   简述地址锁存信号 ALE 引脚的作用。

2-17   何谓准双向口？准双向口作 I/O 输入时，要注意什么？

第 3 章

开发工具介绍

Keil 调试软件具有非常强大的调试功能，这里只是通过使用 Keil 软件，从建立一个程序开始，简单地对一个开发过程做一个简述，以便于了解 Keil 软件的特点和使用步骤，帮助读者建立一个使用 Keil C51 集成调试软件的基本概念。

3.1　创建一个 Keil C51 应用程序

Keil C51 集成开发软件是采用"工程"的方法来管理文件的，而不是使用单一文件的形式。所有的文件（包括源程序如 C 语言、汇编语言程序、头文件甚至说明性的技术文件）都是包含在一个"工程项目"文件里统一管理的。使用 Keil C51 的编程者应当适应和习惯这种工程管理的方法。

使用 Keil C51 集成调试软件来建立自己的一个程序要经过如下几个步骤：

1）建立一个工程项目文件；

2）为工程选择一个目标器件（如选择 PHILIPS 公司的 P89C52X2）；

3）为工程项目设定相关的软件和硬件的调试环境（如：纯软件仿真或在线调试等）；

4）创建源程序文件并输入、编辑源程序代码（汇编格式或 C 语言格式）；

5）保存所创建的源程序项目文件；

6）把源程序文件添加到项目中。

在下面的内容中，通过一个例子来进一步了解其过程。

3.2　建立一个工程项目

3.2.1　运行 μVision2 软件

双击桌面上的 Keil C51 快捷图标、运行 Keil C51 调试软件。注意，不同情况下打开 Keil C51 程序时的界面往往是不同的，一般总是启动本机前一次所处理的工程，如图 3-1 所示。在这种情况下可以选择工具栏中的 Project 选项中的 Close Project 命令，关闭该工程，如图 3-2 所示。

3.2.2　建立新工程

选择工具栏中的 Project 选项中的 New Project 命令，建立一个新的 μVision2 工程，如图

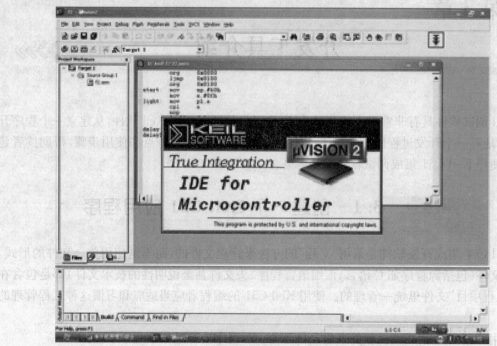

图 3-1　运行 Keil C51

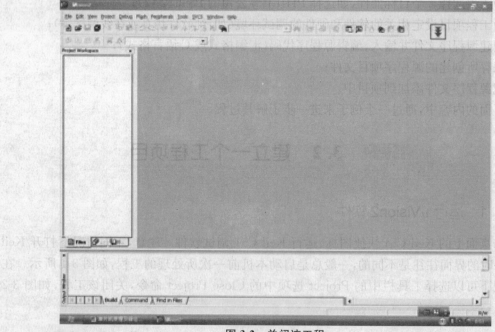

图 3-2　关闭该工程

3-3 所示。

1）为工程起一个名字。

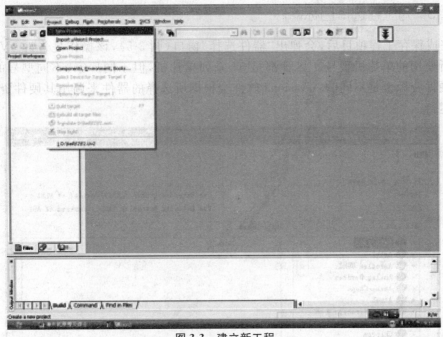

图 3-3　建立新工程

2)选择本工程所存放的路径。建议在某一个盘符中为每一个工程单独建立一个目录,以便于将本工程所需的所有文件都保存在该目录下,且不与其它工程的文件相混淆。如图 3-4所示。

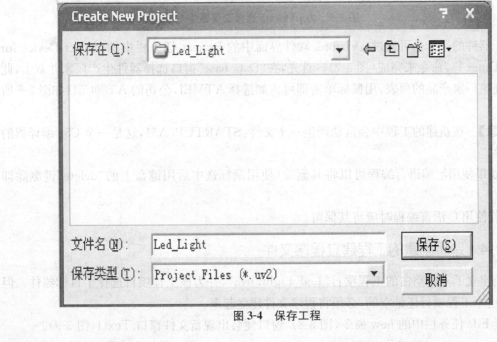

图 3-4　保存工程

3.2.3 为工程选择目标器件

当完成保存工程项目后，会弹出"器件选择"窗口（图 3-5），该操作是告诉 μVision2 工程最终所使用的单片机型号。尽管都是 51 系列单片机，但不同厂家、不同型号的处理器其内部硬件资源也是不同的，μVision2 软件会根据所选择的器件来调用其硬件资源，协调程序的运行。

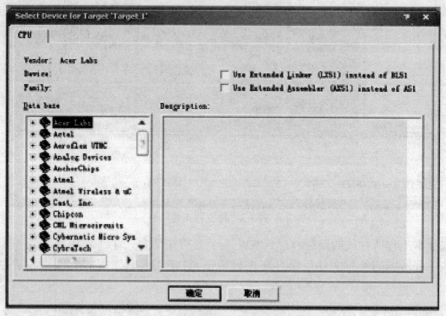

图 3-5 为 μVision2 选择工程器件

对于器件的选择也可通过 μVision2 软件界面中的 Project 任务栏中的"Select Device for Taget 'Taget 1'"命令来完成（图 3-7）。首先，在"Data base"窗口选择器件生产厂家并双击，此时会出现该厂家产品的列表，用鼠标单击即可。如选择 ATMEL 公司的 AT89C51（如图 3-6 所示）。

【注意】 在新建的工程中会自动产生一个文件：STARTUP.A51，这是一个 C51 编译器的设置文件。

1) 如果使用汇编语言编程可以将其删除（使用鼠标选中后用键盘上的"delete"键删除即可）；

2) 若使用 C 语言编程时应将其保留。

3.2.4 为所创建的工程建立程序文件

已经建立了一个空白的工程项目"Led_Light.uv2"，并为该工程项目选择了目标器件。但是，现在这个工程项目还是空的，必须将程序文件建立起来。

选择 File 任务栏中的 new 命令（图 3-8），窗口便会出现新文件窗口 Text1（图 3-9）。

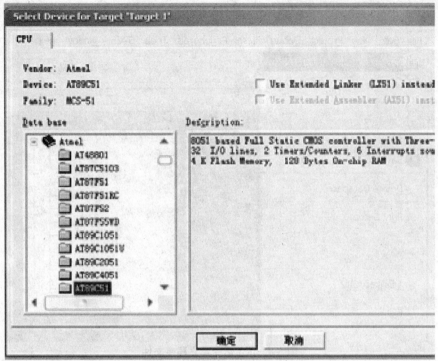

图 3-6　选择 AT89C51 单片机

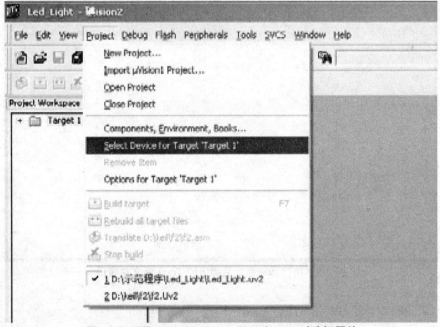

图 3-7　利用 Select Device ror Taget 'Taget 1' 选择器件

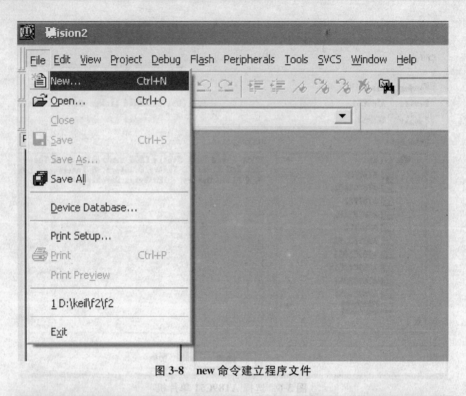

图 3-8　new 命令建立程序文件

图 3-9　执行 new 命令后弹出的 Text1 新文件窗口

3.2.5　编辑程序源代码

在 Vision2 中的 text 窗口中，与其它文本编辑软件一样，用户可通过拷贝、粘贴、输入、删除、选择等基本的文字处理命令，来实现对程序源代码文件的编辑（如图 3-10 所示）。应当注意，μVision2 支持汇编语言（*.asm）和 C 语言（*.c），所以，在后面的存盘操作和"向工程添加文件"时应当给予指明。

【实例 7】　Keil 练习实例一

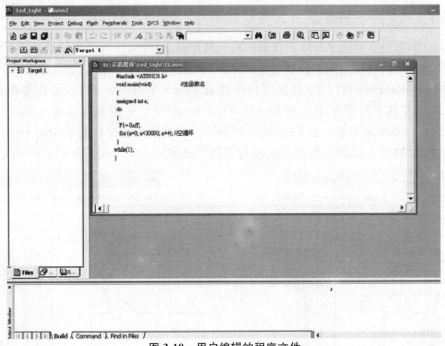

图 3-10　用户编辑的程序文件

现以 led_light.c 为例：输入该 C 语言源程序的文件，结果如图 3-11 所示。

```
#include <AT89X51.h>
void main(void)          //主函数名
{
unsigned int a;
do
{
   P1 = 0xff;
   for (a=0; a<30000; a++); //空循环
   }
while(1);
}
```

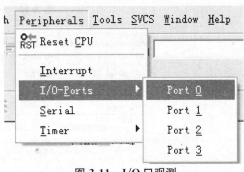

图 3-11　I/O 口观测

3.2.6　保存文件

当程序文件输入完成后，就可以保存该文件。存盘时要注意文件的类型（汇编语言或 C 语言），这是通过文件的扩展名来指定的。程序文件的存储路径要与其工程一致。注意：在保存文件后程序代码的颜色会发生变化，即关键字变为蓝色（如果看不出变化，可使用鼠标将文件窗口上下滚动一下）。

3.2.7　将程序文件添加到工程项目中

到目前为止，只是完成了程序源代码的输入和保存，但该程序与工程项目并没有发生任何联系，需要将程序代码添加到工程项目中，构成一个完整的工程项目。

在 Projet Windows 窗口中（如果窗口中没有 Projet Windows 窗口，可在菜单栏中使用 View 命令，并在其下拉菜单中选择 Projet Windows 即可），先用鼠标点击 Target 1 左边的 "+"，将 Sourcd Group 1 显示出来（如图 3-12 所示），然后使用鼠标右击 Sourcd Group 1，出现一个快捷菜单（如图 3-13 所示），使用鼠标右键选择 Add File to Group'Source Group1'（向工程

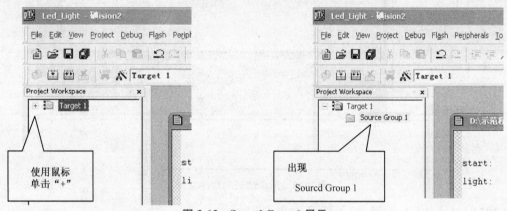

图 3-12　Sourcd Group1 显示

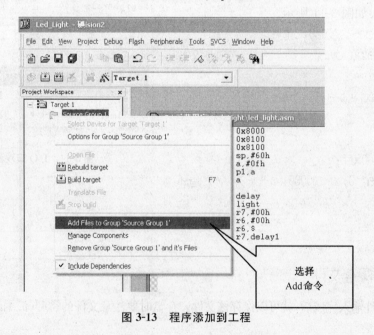

图 3-13　程序添加到工程

添加源程序文件),并使用鼠标左键选中。单击 Add 命令,出现图 3-14(a)界面,在文件名一栏输入程序名及属性,并通过"文件类型"栏选择汇编语言格式或 C 语言格式[图 3-14(b)所示]。最后,点击"Add"再点击"Close"退出。

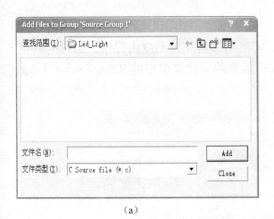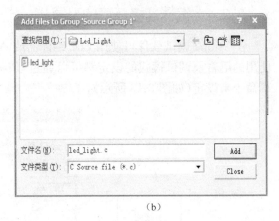

(a)　　　　　　　　　　　　　　　　　(b)

图 3-14　选择 Add File to Group 命令将程序添加到工程

(a)开始时不会显示创建的程序名　(b)输入程序文件名和文件属性(∗.c)

所见到的界面如图 3-15 所示,可以看到在该工程下已经与一个用户程序文件实现了链接。

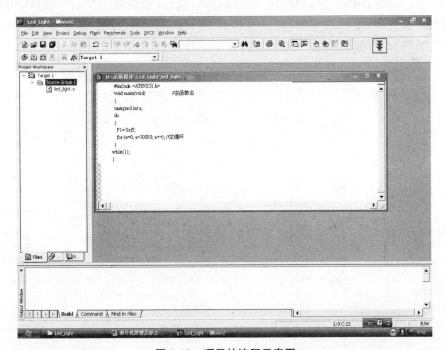

图 3-15　项目的流程示意图

3.3　程序文件的编译和连接

3.3.1　编译连接环境的设置

μVision2 调试软件可使用 C51 编译器或 A51 宏汇编译器开发的应用程序。运行的环境、使用的语言及调试模式的设定都可以通过"Project"菜单的下拉菜单中的"Options for Target 1"命令来设定(如图 3-16 所示)。

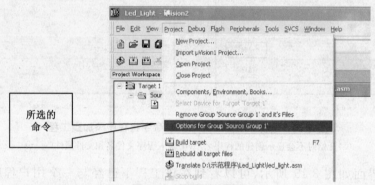

图 3-16　设置工作模式

在"Target"选项卡中设定用户程序、数据的起始地址(如果使用 TKSMonr51 仿真器且采用"在线调试"模式时,要修改参数,分别为:0x8000H、0x4000H、0xc000H 和 0x4000H——这与仿真器的结构有关;如果采用模拟仿真时,则不用修改。),如图 3-17 所示。

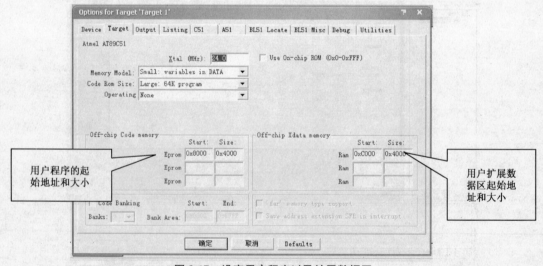

图 3-17　设定用户程序以及扩展数据区

在"Output"选项卡中选择"Create Hex File"选项,这样系统在对程序文件编译时,就会自动地生成十六进制的目标代码文件(如图 3-18 所示)。

图 3-18　utput 选项卡

在"Debug"选项卡中，可以设定系统的不同的工作模式。从图 3-19 中可看出 μVision2 的两种工作模式分别是"Use Simlator"（模拟仿真）和"Use"（在线调试）。其中，"Use Simlator"的软件模拟仿真不需要实际的硬件，调用软件来模拟 80C51 控制器的许多功能，这是一个非常实用的调试手段，常用于程序的前期调试（主要是完成语法检查以及部分功能的验证）。图 3-19 显示的当前模式为"Use Simlator"，即软件模拟仿真的工作方式。

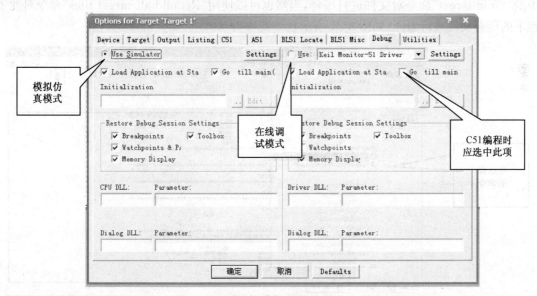

图 3-19　"Debug"选项卡

如果采用 C51 编程且使用 TKSMonr51 仿真器时，还要对 C51 的"选项卡"进行设定。将"interrupt vecter at a"的内容由原来的 0x0000 修改为 0x8000；如果采用"模拟仿真——Use Simlator—— 程序且仍从 0x0000 开始"模式时，则不用修改，如图 3-20 所示。

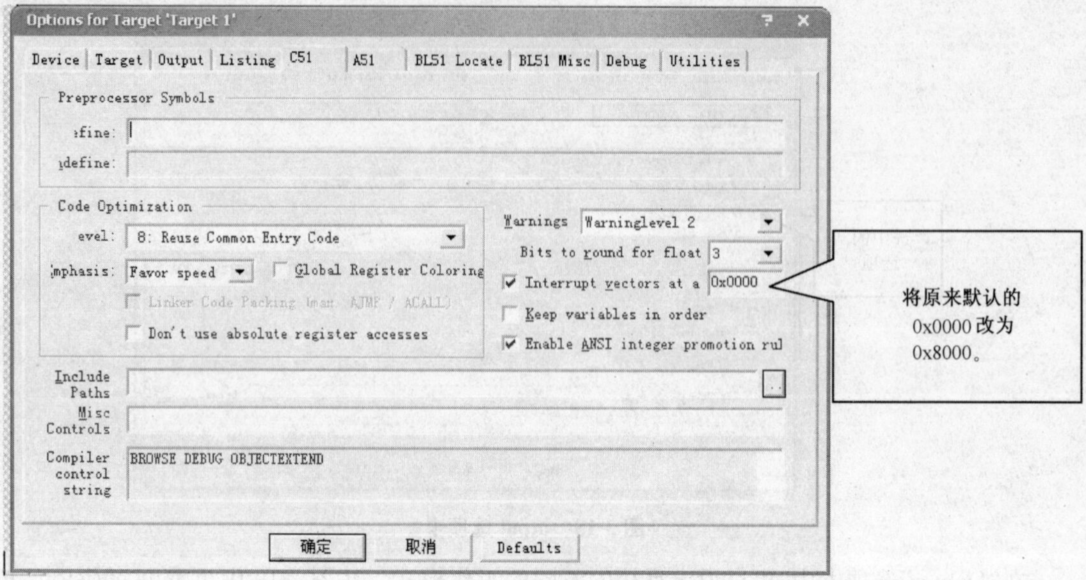

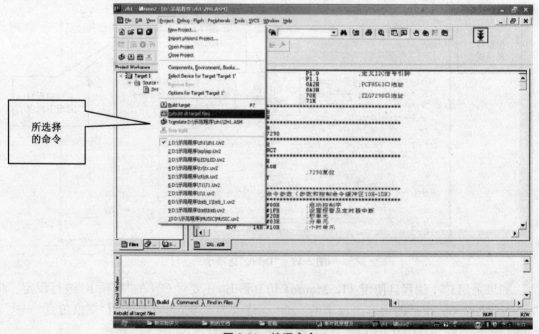

图 3-20　仿真模式设定

3.3.2　程序文件的编译和连接

当完成 μVision2 的工作模式设定后就可以对程序文件进行编译了。通过"Project"任务栏中的"Build target"命令对文件进行编译，当然也可以使用"Rebuild all target files"命令对此工程下的所有文件进行编译（如图 3-21 所示）。

图 3-21　编译命令

3.3.3　程序文件调试

1. 快捷键简介

编译命令执行后会在界面的"Output Windows"信息输出窗口中显示出相关的信息如图 3-22 所示。

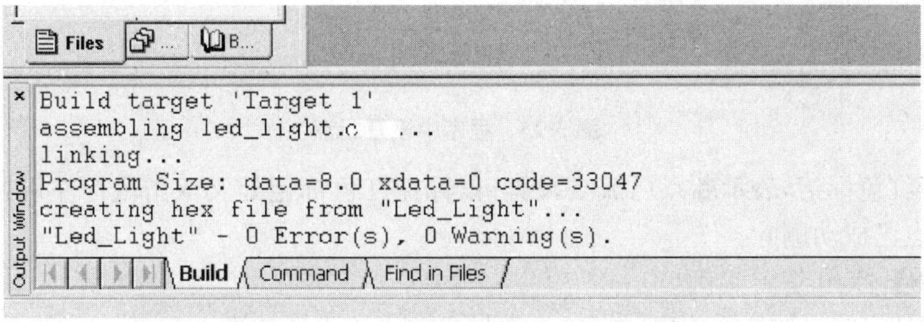

图 3-22　"Output Windows"信息输出窗口显示出相关的信息

一个完整的工程项目"Led_Light. uv2"已经完成。调试状态后,默认进入汇编代码调试,只需要将"Disassembly"窗口关闭,就可以回到正常代码调试。

点击 Debug一>Run、菜单栏的 ⬛ 快捷键或键盘 F5 快捷键全速运行程序,直到程序运行到断点时才停止在断点的位置,等待调试指令。

点击 Debug一>Step、菜单栏的 ⬛ 快捷键或键盘 F11 快捷键单步运行程序。单步运行程序即每执行一次,程序代码一条语句。对于一个函数,当执行一个单步运行,程序指针将进入到函数内部。

点击 Debug一>Start Over、菜单栏的 ⬛ 快捷键或键盘 F10 快捷键单步跨越运行程序。该操作与单步运行程序很相似,不同的是该操作对于一个函数,不会进入到函数内部,而是跨越当前函数,运行到函数的下一条语句。

点击 Debug一>Step Out of current Function、菜单栏的 ⬛ 快捷键或键盘 Ctrl+F11 快捷键跳出当前函数。执行该操作后,程序将运行到当前函数返回的下一条语句。

点击 Debug一>Run to Cursor line、菜单栏的 ⬛ 快捷键或键盘 Ctrl+F10 快捷键运行到当前指针。用鼠标将光标移到有效的程序代码语句,然后执行该操作,程序就会全速运行。程序运行到光标所在语句时将停止。

点击 Debug一>Stop Running 或菜单栏的 ⊗ 快捷键停止全速运行。当程序全速运行时,执行该操作可以停止当前程序的运行。

2. 断点设置

设置断点的作用是当程序全速运行时,需要程序在不同的地方停止运行,然后进行单步调试,可以通过设置断点来实现。断点的设置只能在有效代码处设置,如图 3-23 所示。

设置和删除断点的方法也很简单:将鼠标移到有效代码处,然后双击鼠标左键(确定键)就

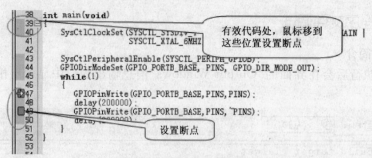

图 3-23　程序中设置断点

会出现一个红色标记,表示断点已成功设置;鼠标在红色标记处又双击鼠标左键,红色标记消失,表示断点已成功删除。

【实例 8】　keil 练习实例二

实例说明:P1 口接 8 个 LED 灯,使 8 个灯成花样流水的效果。

调试结果(如图 3-24 所示)。

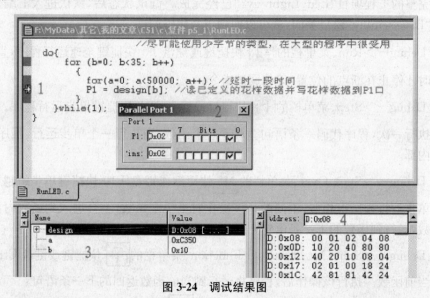

图 3-24　调试结果图

```c
#include <AT89X51.H>
void main(void)
{
const unsigned char design[32]=
{0xFF,0xFE,0xFD,0xFB,0xF7,0xEF,0xDF,0xBF,0x7F
0x7F,0xBF,0xDF,0xEF,0xF7,0xFB,0xFD,0xFE,0xFF
0xFF,0xFE,0xFC,0xF8,0xF0,0xE0,0xC0,0x80,0x0,
0xE7,0xDB,0xBD,0x7E,0xFF};
  unsigned int a;
```

```
    unsigned char b;
    do{
      for (b=0; b<32; b++)
      {
          for(a=0; a<50000; a++); //延时一段时间
          P1 = design[b];          //读已定义的花样数据并将花样数据写到 P1 口
          }
      }while(1);
    }
```

习题

3-1　如何建立一个工程?

3-2　如何将一个文件添加到工程?

3-3　如何单步执行程序?

3-4　如何观察 I/O 口参数?

3-5　如何建立一个新工程?

第4章

C语言基本语句

在讨论C语言基本语法之前,先介绍有关C语言的基本知识、标识符、关键字、数据类型、常量、变量等概念。

4.1 C语言数据类型

编写C语言程序时离不开数据的应用,在学习C51语言的过程中掌握理解数据类型也是很关键的。在标准C语言中基本的数据类型为char、int、short、long、float和double,而在C51编译器中,int和short相同,float和double相同,具体定义见表4-1。

表4-1 数据类型说明

数据类型	长 度	值 域
unsigned char	单字节	0～255
signed char	单字节	−128～+127
unsigned int	双字节	0～65535
signed int	双字节	−32768～+32767
unsigned long	四字节	0～4294967295
signed long	四字节	−2147483648～+2147483647
float	四字节	±1.175494E−38～±3.402823E+38
*	1～3 字节	对象的地址
bit	位	0 或 1
sfr	单字节	0～255
sfr16	双字节	0～65535
sbit	位	0 或 1

1. char 字符类型

char 类型的长度是一个字节,通常用于定义处理字符数据的变量或常量。分无符号字符类型 unsigned char 和有符号字符类型 signed char 两种,默认值为 signed char 类型。unsigned char 类型用字节中所有的位来表示数值,所能表示的数值范围是 0～255。signed char 类型用字节中最高位字节表示数据的符号,"0"表示正数,"1"表示负数,负数用补码表示,所能表示的数值范围是−128～+127。unsigned char 常用于处理 ASCII 字符或用于处理小于或等于 255 的整型数。* 正数的补码与原码相同,负二进制数的补码等于它的绝对值按位取反后加 1。

2. int 整型

int 整型长度为两个字节,用于存放一个双字节数据。分有符号整型数 signed int 和无符号整型数 unsigned int,默认值为 signed int 类型。signed int 表示的数值范围是 $-32768 \sim +32767$,字节中最高位表示数据的符号,"0"表示正数,"1"表示负数。unsigned int 表示的数值范围是 $0 \sim 65535$。

3. long 长整型

long 长整型长度为四个字节,用于存放一个四字节数据。分有符号长整型 signed long 和无符号长整型 unsigned long,默认值为 signed long 类型。signed long 表示的数值范围是 $-2147483648 \sim +2147483647$,字节中最高位表示数据的符号,"0"表示正数,"1"表示负数。unsigned long 表示的数值范围是 $0 \sim 4294967295$。

4. float 浮点型

float 浮点型在十进制中具有 7 位有效数字,是符合 IEEE-754 标准的单精度浮点型数据,占用四个字节。浮点数的结构较复杂,在以后的章节中再做详细的讨论。

5. * 指针型

指针型本身就是一个变量,在这个变量中存放着指向另一个数据的地址。这个指针变量要占据一定的内存单元,对不同的处理器长度也不尽相同,在 C51 中它的长度一般为 $1 \sim 3$ 个字节。指针变量也具有类型,在以后的课程中专门有一课做探讨,这里就不多说了。

6. bit 位标量

bit 位标量是 C51 编译器的一种扩充数据类型,利用它可定义一个位标量,但不能定义位指针,也不能定义位数组。它的值是一个二进制位,不是 0 就是 1,类似一些高级语言中的 Boolean 类型中的 True 和 False。

7. sfr 特殊功能寄存器

sfr 也是一种扩充数据类型,占用一个内存单元,值域为 $0 \sim 255$。利用它可以访问 C51 单片机内部的所有特殊功能寄存器。

【实例 9】 特殊功能寄存器应用实例

```
sfr P1 = 0x90   //为 P1 端口赋值
```

8. sfr16 16 位特殊功能寄存器

sfr16 占用两个内存单元,值域为 $0 \sim 65535$。sfr16 和 sfr 一样用于操作特殊功能寄存器,所不同的是它用于操作占两个字节的寄存器,如定时器 T0 和 T1。

9. Sbit 位地址

sbit 同样是 C51 中的一种扩充数据类型,利用它可以访问芯片内部的 RAM 中的可寻址位或特殊功能寄存器中的可寻址位。

【实例 10】 位操作实例

```
sfr   P1 = 0x90; //字节寻址
sbit P1_1 = P1^1;  //位寻址
sbit  P1_1 = 0x91; //位寻址
```

这样在以后的程序语句中就可以用 P1_1 来对 P1.1 引脚进行读写操作了。通常这些可以直接使用系统提供的预处理文件,里面已定义好各特殊功能寄存器的简单名字。

4.2　常　　量

常量就是在程序运行过程中不能改变值的量,而变量是可以在程序运行过程中不断变化的量。变量的定义可以使用所有 C51 编译器支持的数据类型,而常量的数据类型只有整型、浮点型、字符型、字符串型和位标量。

4.2.1　常量的数据类型

1)整型常量可以表示为十进制如 123,0,−89 等。十六进制则以 0x 开头如 0x34,−0x3B等。长整型就在数字后面加字母 L,如 104L,034L,0xF340L 等。

2)浮点型常量可分为十进制和指数表示形式。十进制由数字和小数点组成,如 0.888,3345.345,0.0 等,整数或小数部分为 0,可以省略但必须有小数点。指数表示形式为[±]数字、[.e]数字、[±]数字,[]中的内容为可选项,其中内容根据具体情况可有可无,但其余部分必须有,如 125e3,7e9,−3.0e−3。

3)字符型常量是单引号内的字符,如'a','d' 等。不可以显示的控制字符,可以在该字符前面加一个反斜杠"\"组成专用转义字符。常用转义字符表见表 4-2。

4)字符串型常量由双引号内的字符组成,如"test","OK"等。当引号内没有字符时,为空字符串。在使用特殊字符时,同样要使用转义字符,如"双引号"。在 C 语言中字符串常量是做为字符类型数组来处理的,在存储字符串时,系统会在字符串尾部加上\o 转义字符,以作为该字符串的结束符。字符串常量"A"和字符常量'A'是不同的,前者在存储时多占用一个字节的字间。

表 4-2　常用转义字符表

转义字符	含　　义	ASCⅡ码(16 进制数形式)
\o	空字符(NULL)	0x00
\n	换行符(LF)	0x0A
\r	回车符(CR)	0x0D
\t	水平制表符(HT)	0x09
\b	退格符(BS)	0x08
\f	换页符(FF)	0x0C
\'	单引符	0x27
\"	双引符	0x22
\\	反斜杠	0x5C

5)位标量,它的值是一个二进制。常量可用在不必改变值的场合,如固定的数据表、字库等。常量的定义方式有几种,下面用实例来加以说明。

【实例 11】　常量使用说明实例

#difine False 0x0; //用预定义语句可以定义常量
#difine True 0x1; //这里定义 False 为 0,True 为 1
unsigned int code a＝100; //这一句用 code 把 a 定义在程序存储器中并赋值
const unsigned int c＝100; //用 const 定义 c 为无符号 int 常量并赋值

以上两句它们的值都保存在程序存储器中,而程序存储器在运行中是不允许被修改的,所以如果在这两句后面用了类似 a＝110,a＋＋这样的赋值语句,编译时将会出错。

▶ 4.3　变　　量

变量就是一种在程序执行过程中其值能不断变化的量。要在程序中使用变量必须先用标识符作为变量名,并指出所用的数据类型和存储模式,这样编译系统才能为变量分配相应的存储空间。

定义一个变量的格式如下:

〔存储种类〕　数据类型　〔存储器类型〕　变量名表

在定义格式中除了数据类型和变量名表是必要的,其它都是可选项。

存储种类有四种:自动（auto）、外部（extern）、静态（static）和寄存器（register）,缺省类型为自动(auto)。这里的数据类型和前面学习到的各种数据类型的定义是一样的。说明了一个变量的数据类型后,还可选择说明该变量的存储器类型。存储器类型的说明就是指定该变量在 C51 硬件系统中所使用的存储区域,并在编译时准确的定位。表 4-3 中是 KEIL uVision2 所能认别的存储器类型。值得注意的是,在 AT89C51 芯片中 RAM 只有低 128 位,位于 80H 到 FFH 的高 128 位,则在 52 芯片中才有用,并和特殊寄存器地址重叠。

表 4-3　存储器类型说明

存储器类型	说　　明
data	直接访问内部数据存储器(128 字节),访问速度最快
bdata	可位寻址内部数据存储器(16 字节),允许位与字节混合访问
idata	间接访问内部数据存储器(256 字节),允许访问全部内部地址
pdata	分页访问外部数据存储器(256 字节),用 NOVX SR1 指令访问
xdata	外部数据存储器(64KB),再 NOVX SDPTR 指令访问
code	程序存储器(64KB),用 MOVC SA-DPTR 指令访问

如果省略存储器类型,系统则会按编译模式 SMALL、COMPACT 或 LARGE 所规定的默认存储器类型去指定变量的存储区域。无论什么存储模式都可以声明,变量在任何的 8051 存储区范围,然而把最常用的命令,如循环计数器和队列索引放在内部数据区可以显著的提高系统性能。还有要指出的就是,变量的存储种类与存储器类型是完全无关的。

【实例 12】　sfr 定义方法实例

　　sfr　特殊功能寄存器名＝ 特殊功能寄存器地址常数;

sfr16   特殊功能寄存器名＝ 特殊功能寄存器地址常数；

用 sfr16 定义 16 位特殊功能寄存器时,等号后面是它的低位地址,高位地址一定要位于低位地址之上。值得注意的是,不能用于定时器 0 和 1 的定义。

1. 位变量

位变量(bit)——变量的类型是位,位变量的值可以是 1(true)或 0(false)。sbit 可定义可位寻址对象,如访问特殊功能寄存器中的某位。其实,这样的应用是经常要用的,如:要访问 P1 口中的第 2 个引脚 P1.1。

【实例 13】 位变量使用实例一

sbit 位变量名＝位地址

sbit P1_1 = Ox91;

这样是把位的绝对地址赋给位变量。同 sfr 一样 sbit 的位地址必须位于 80H～FFH 之间。

【实例 14】 位变量使用实例二

sft P1 = 0x90;

sbit P1_1 = P1 ^ 1; //先定义一个特殊功能寄存器名,再指定位变量名所在的位置,当可寻址位位于特殊功能寄存器中时,可采用这种方法

【实例 15】 位变量使用实例三

sbit 位变量名＝字节地址^位位置

sbit P1_1 = 0x90 ^ 1;

这种方法其实和实例 12 是一样的,只是把特殊功能寄存器的位址,直接用常数表示而已。在 C51 存储器类型中提供有一个 bdata 的存储器类型,这个是指可位寻址的数据存储器,位于单片机的可位寻址区中,可以将要求可位录址的数据定义为 bdata。

【实例 16】 位变量使用实例四

unsigned char bdata ib; //在可位录址区定义 ucsigned char 类型的变量 ib

int bdata ab[2]; //在可位寻址区定义数组 ab[2],这些也称为可寻址位对象

sbit ib7=ib^7 //用关键字 sbit 定义位变量来独立访问可寻址位对象的其中一位

sbit ab12＝ab[1]^12;

操作符"^"后面的位位置的最大值取决于指定的基址类型,char0-7,int0-15,long0-31。

2. 字符变量

字符变量(char)——字符变量的长度为 1 字节(Byte)即 8 位。

3. 整型变量

整型变量(int)——整型变量的长度为 16 位,长度为 2 个字节,用于存放一个双字节数据。

4. long 长整型变量

long 长整型变量——long 长整型长度为 4 个字节,用于存放一个 4 字节数据。

5. 浮点型变量

浮点型变量(float)——浮点型变量为 32 位,占 4 字节。

6. 指针型变量

指针型本身就是一个变量,在这个变量中存放着指向另一个数据的地址。

7. sfr 特殊功能寄存器

sfr 也是一种扩充数据类型,占用一个内存单元,值域为 0~255。

8. sfr16 16 位特殊功能寄存器

sfr16 占用两个内存单元,值域为 0~65535。

9. sbit 可寻址位

sbit 同样是 C51 中的一种扩充数据类型,利用它可以访问芯片内部的 RAM 中的可寻址位,或特殊功能寄存器中的可寻址位。

4.4　重新定义数据类型

在 C 语言程序中可以根据自己的需要对数据类型重新定义,重新定义时需要用到关键字 typedef,定义方法如下:

typedef　已有的数据类型 新的数据类型名;

其中"已有的数据类型"是指上面所介绍的 C 语言中所有的数据类型,包括结构、指针和数组等;"新的数据类型名"可按用户自己的习惯或根据任务需要决定。关键字 typedef 的作用只是将 C 语言中已有的数据类型作了置换,可用置换后的新数据类型名来进行变量的定义。

【实例 17】　重新定义数据类型应用实例一

```
typedef int integer;
integer a,b;
```

这两句在编译时,其实是先把 integer 定义为 int,在以后的语句中遇到 integer 就用 int 置换,integer 就等于 int,所以 a,b 也就被定义为 int。typedef 不能直接用来定义变量,它只是对已有的数据类型作一个名字上的置换,并不产生新的数据类型。

下面两句就是一个错误的例子:

【实例 18】　重新定义数据类型应用实例二

```
typedef int integer;
integer = 100; //错误的应用
```

使用 typedef 可以方便程序的移植和简化较长的数据类型定义。用 typedef 还可以定义结构类型。

【实例 19】　重新定义数据类型应用实例三

```
Typedef int word;          /*定义 word 为新的整型数据类型名*/
Word I,j;                  /*将 I,j 定义为 int 变量*/
typedef enum _BOOL {FALSE, TRUE} BOOL;
```

根据定义,此处 typedef 多余。先用关键字 typedef 将 word 定义为新的整型数据类型,定义的过程实际上是用 word 置换了 int,因此,下面就可以直接用 word 对变量 i,j 进行定义,而此时 word 等效于 int,所以 i,j 被定义成整型变量。

【实例 20】　重新定义数据类型应用实例四

```
Typedef int NUM[100];          /*将 NUM 定义为整型数组类型*/
```

```
NUM  n;                         /*将 n 定义为整型数组变量*/
Typedef char * POINTER;         /*将 PONTER 定义为字符指针类型*/
POINTER  point;                 /*将 point 定义为字符指针变量*/
```
用 typedef 还可以定义结构类型:
```
Typedef   struct                /*定义结构体*/
{
    Int month;
    Int day;
    Int year
} DATE;
```

这里 DATE 作为一个新的数据类型(结构类型名),可以直接用它来定义变量,如 DATE birthday;/*定义 birthday 为结构类型变量*/。

4.5   运算符和表达式

运算符就是完成某种特定运算的符号。运算符按其表达式中与运算符的关系,可分为单目运算符、双目运算符和三目运算符。单目就是指需要有一个运算对象,双目就要求有两个运算对象,三目则要三个运算对象。表达式是由运算及运算对象所组成的具有特定含义的式子。C 是一种表达式语言,表达式后面加""";号就构成了一个表达式语句。

1. 赋值运算符

对于"="这个符号大家不会陌生的,在 C 中它的功能是给变量赋值,称之为赋值运算符。它的作用不用多说大家也明白,就是将数据赋给变量,如 x=10。由此可见,利用赋值运算符将一个变量与一个表达式连接起来的式子称为赋值表达式,在表达式后面加""";便构成了赋值语句。使用"="的赋值语句格式如下:

    变量 = 表达式;

【实例 21】 赋值运算符应用实例

```
a = 0xFF; //将常数十六进制数 FF 赋于变量 a
b = c = 33; //同时赋值给变量 b,c
d = e; //将变量 e 的值赋于变量 d
f = a+b; //将变量 a+b 的值赋于变量 f
```

赋值语句的意义就是先计算出"="右边的表达式的值,然后将得到的值赋给左边的变量,而且右边的表达式可以是一个赋值表达式。

2. 算术运算符

对于 a+b,a/b 这样的表达式大家都很熟悉,用在 C 语言中,+、/就是算术运算符。C51 中的算术运算符有如下几个(其中只有取正值和取负值运算符是单目运算符,其它都是双目运算符)。

+　　加或取正值运算符

-　　减或取负值运算符

*　　乘运算符

/　　除运算符

%　　取余运算符

算术表达式的形式：

　　表达式 1　算术运算符　表达式 2

【实例 22】　算术运算符应用实例

$$a+b*(10-a)$$

$$(x+9)/(y-a)$$

除法运算符和一般的算术运算规则有所不同,如是两浮点数相除,其结果为浮点数;如 10.0/20.0,所得值为 0.5,而两个整数相除时,所得值就是整数,如 7/3,值为 2。像别的语言一样,C 的运算符也有优先级和结合性,同样可用括号"()"来改变优先级。

3. 增量和减量运算符

　　++　　增量运算符

　　--　　减量运算符

这两个运算符是 C 语言中特有的一种运算符。在 VB,PASCAL 等都是没有的。作用就是对运算对象作加 1 或减 1 运算。要注意的是运算对象在符号前或后,虽然同是加 1 或减 1 其含义却是不同的。

　　i++,++i,i--,--i

　　i++(或 i--)　　是先使用 i 的值,再执行 i+1(或 i-1)

　　++i(或--i)　　是先执行 i+1(或 i-1),再使用 i 的值。

增减量运算符只允许用于变量的运算中,不能用于常数或表达式。

【实例 23】　增量和减量运算符应用实例一

```
# include
void main( )
{ int i=5,j=10;
printf("j=%d\n",j=i++);
printf("i==%d\n",i);
printf("j=%d\n",j=++i);
printf("i=%d\n",i);
}
```

程序运行结果为：

j=5

i=6

j=7

i=7

上述程序中,第一个 printf 语句输出赋值表达式 j=i++的值,先将 i 的值赋给 j,所以输出 j 为 5。当输出 j 的值之后,i 才加 1 变为 6,所以第二个 printf 语句输出 i 为 6。第三个 printf 语句输出时,先将 i 的值加 1,变为 7,然后才赋给 j,所以输出 j 为 7。第四个 printf 语句输出 i 的当前值为 7。

综上所述,使用自增、自减运算符时必须密切注意变量的动态变化。

【实例 24】 增量和减量运算符应用实例二

若变量 m 的初始值为 6,则经过 k =(++m)+(++m)+(++m)后,变量 k 的值为 27(9 + 9 + 9),而不是 24(7 + 8 + 9)。同样,经过 k =(m++)+(m++)+(m++)后,变量 k 的值应为 18。

4. 关系运算符

C 语言中一共提供了 6 种关系运算符:

> 　大于
< 　小于
>= 　大于等于
<= 　小于等于
== 　等于
!= 　不等于

计算机的语言不过是人类语言的一种扩展,这里的运算符同样有着优先级别。前四个具有相同的优先级,后两个也具有相同的优先级,但是前四个的优先级要高于后两个的。当两个表达式用关系运算符连接起来时,这时就是关系表达式。关系表达式通常是用来判断某个条件是否满足的。要注意的是,用关系运算符的运算结果只有 0 和 1 两种,也就是逻辑的真与假,当指定的条件满足时结果为 1,不满足时结果为 0。

关系运算符格式:

表达式 1　关系运算符　表达式 2

【实例 25】 关系运算符应用实例一

i<j, i==j, (i=4)>(j=3), j+i>j

【实例 26】 关系运算符应用实例二

```
# include <AT89X51. H>
# include <stdio. h>
void main(void)
{
int x,y;
SCON = 0x50; //串口方式 1,允许接收
TMOD = 0x20; //定时器 1 定时方式 2
TH1 = 0xE8; //11.0592MHz 1200 波特率 TL1 = 0xE8;
TI = 1;
TR1 = 1; //启动定时器
```

```
while(1)
{
printf("您好!! \n"); //显示
printf("请您输入两个 int,X 和 Y\n"); //显示
scanf("%d%d",&x,&y); //输入
if (x < y)
printf("X<Y\n"); //当 X 小于 Y 时
else //当 X 不小于 Y 时再作判断
{
if (x == y)
printf("X=Y\n"); //当 X 等于 Y 时
else
printf("X>Y\n"); //当 X 大于 Y 时
}
}
}
```

要注意的是,在连接 PC 串行口调试发送数字时,发送完一个数字后还要发送一个回车符,以使 scanf 函数确认有数据输入。

5. 逻辑运算符

关系运算符所能反映的是两个表达式之间的大小等于关系,而逻辑运算符则是用于求条件式的逻辑值,用逻辑运算符将关系表达式或逻辑量连接起来就是逻辑表达式了。要注意的是,关系运算符的运算结果只有 0 和 1 两种,也就是逻辑的真与假,换句话说,也就是逻辑量,而逻辑运算符就用于对逻辑量运算的表达。逻辑表达式的一般形式为:

逻辑与:条件式 1 && 条件式 2

逻辑或:条件式 1 || 条件式 2

逻辑非:! 条件式 2

1)逻辑与,就是当条件式 1 与条件式 2 都为真时结果为真(非 0 值),否则,为假(0 值)。也就是说,运算会先对条件式 1 进行判断,如果为真(非 0 值),则继续对条件式 2 进行判断,当结果为真时,逻辑运算的结果为真(值为 1);如果结果不为真时,逻辑运算的结果为假(0 值)。如果在判断条件式 1 时不为真的话,就不用再判断条件式 2 了,直接给出运算结果为假。

2)逻辑或,是指只要两个运算条件中有一个为真时,运算结果就为真,只有当条件式都不为真时,逻辑运算结果才为假。

3)逻辑非,则是把逻辑运算结果值取反,也就是说如果两个条件式的运算值为真,进行逻辑非运算后则结果变为假;条件式运算值为假时最后逻辑结果为真。

同样,逻辑运算符也有优先级别:!(逻辑非)→&&(逻辑与)→||(逻辑或),逻辑非的优先值最高。

【实例 27】 逻辑运算符应用实例一

! True || False && True //按逻辑运算的优先级（True 代表真，False 代表假）

! True || False && True

False || False && True　　//! Ture 先运算得 False

False || False　　　　　　//False && True 运算得 False

False　　　　　　　　　　//最终 False || False 得 False

【实例 28】 逻辑运算符应用实例二

```c
#include <stdio.h>
    int main(void)
    {
        int i_num;
        printf("Please enter an integer: ");
        scanf("%d", &i_num);
        if ( ! i_num )      /* 效果等同于 i_num == 0 */
            {  /* 如果用户输入 0 */
                printf("i_num got a value of zero. \n");
            }
        else if ( i_num >= 1 && i_num <= 9 )
                {  /* 如果用户输入介于 1 到 9 之间（包括 1 和 9）*/
                    printf("i_num is between 1 and 9, inclusive. \n");
                }
            else if ( i_num < -9 || i_num > 9 )
                    {  /* 如果用户输入小于 -9 或者大于 9 */
                        printf("i_num is less than -9 or greater than 9.\n");
                    }
                else
                {  /* 其它情况 */
                    printf("i_num is between -9 and -1, inclusive. \n");
                }
        return 0;
    }
```

程序说明：

1)! i_num 如果 i_num 的值不为零，则 ! i_num 为假；如果 i_num 的值为零，则 ! i_num 为真。也就是说，! 的作用是把真变为假，把假变成真。

2) i_num >= 1 && i_num <= 9 只有 i_num >= 1 和 i_num <= 9 同时为真，该表达式的值才为真。

3)别以为 i_num >= 1 && i_num <= 9 可以像数学里那样写成 9 >= i_num >= 1

或者 1 <= i_num <= 9。以 9 >= i_num >= 1 为例,由于关系运算符是从左到右进行结合的,所以该表达式等同于 (9 >= i_num) >= 1。当 9 >= i_num 为真时,则该表达式为 1 >= 1,其值为真;当 9 >= i_num 为假时,则该表达式为 0 >= 1,其值为假。

4)i_num < −9 || i_num > 9 只要 i_num < −9 和 i_num > 9 当中有一个为真,该表达式的值就为真。

6. 位运算符

汇编语言对位的处理能力是很强的,但 C 语言也能对运算对象进行按位操作,从而使 C 语言也能具有一定的对硬件直接进行操作的能力。位运算符的作用是按位对变量进行运算,但是并不改变参与运算的变量的值。如果要求按位改变变量的值,则要利用相应的赋值运算。还有就是,位运算符是不能用来对浮点型数据进行操作的。

C51 中共有 6 种位运算符:

〜 按位取反、& 按位与、| 按位或、^ 按位异或、<< 左移、>> 右移。

位运算一般的表达形式如下:

变量 1 位运算符 变量 2

位运算符也有优先级,从高到低依次是:"〜"(按位取反)→"<<"(左移)→">>"(右移)→"&"(按位与)→"^"(按位异或)→"|"(按位或)。表 4-4 是位逻辑运算符的真值表,X 表示变量 1,Y 表示变量 2。

表 4-4　按位取反、与、或、异或的逻辑真值表

X	Y	~X	~Y	X&Y	X~Y	X~Y
0	0	1	1	0	0	0
0	1	1	0	0	1	1
1	0	0	1	0	1	1
1	1	0	0	1	1	0

【实例 29】 位运算符应用实例

用 P1 口做运算变量,P1.0～P1.7 对应变量的最低位到最高位,通过连接在 P1 口上的 LED 低电位触发便可以直观地看到每个位运算后是否有改变或如何改变。

程序如下:

```
#include <at89x51.h>
void main(void)
{
  unsigned int a;
  unsigned int b;
  unsigned char temp; //临时变量
  P1 = 0xAA; //点亮 D1,D3,D5,D7 P1 口的二进制为 10101010,为 0 时点亮 LED
  for (a=0;a<1000;a++)
  for (b=0;b<1000;b++); //延时
```

```
temp = P1 & 0x7；//单纯的写 P1|0x7 是没有意义的,因为变量没有被影响
//执行 P1|0x7 后结果存入 temp,这时改变的是 temp,但 P1 不会被影响
//这时 LED 没有变化,仍然是 D1,D3,D5,D7 亮
for(a=0;a<1000;a++)
  for(b=0;b<1000;b++)；//延时
P1 = 0xFF；//熄灭 LED
for(a=0;a<1000;a++)
  for(b=0;b<1000;b++)；//延时
P1 = 0xAA；//点亮 D1,D3,D5,D7 P1 口的二进制为 10101010,为 0 时点亮 LED
for(a=0;a<1000;a++)
  for(b=0;b<1000;b++)；//延时
P1 = P1 & 0x7；//这时 LED 会变得只有 D2 灭 //因为之前 P1=0xAA=10101010
  for(b=0;b<1000;b++)；//延时
P1 = 0xFF；//熄灭 LED
while(1)；
}
```

7. 复合赋值运算符

复合赋值运算符就是在赋值运算符"="的前面加上其他运算符。以下是 C 语言中的复合赋值运算符:

+＝	加法赋值	>>＝	右移位赋值
－＝	减法赋值	&＝	逻辑与赋值
*＝	乘法赋值	|＝	逻辑或赋值
/＝	除法赋值	^＝	逻辑异或赋值
%＝	取模赋值	!＝	逻辑非赋值
<<＝	左移位赋值		

复合运算的一般形式为:

    变量　复合赋值运算符　表达式

其含义就是变量与表达式先进行运算符所要求的运算,再把运算结果赋值给参与运算的变量。其实,这是 C 语言中简化程序的方法,凡是二目运算都可以用复合赋值运算符去简化表达。

【实例 30】 复合赋值运算符应用实例

```
int a,b;
a+=56 //等价于 a=a+56
y/=x+9 //等价于 y=y/(x+9)
a+=b; // 把 a 与 b 的值的和赋给 a . 与 a=a+b 等价
a*=b; // 把 a 与 b 的值的积赋给 a . 与 a=a*b 等价
a^=b; // 把 a 除 b 的模赋给 a . 与 a=a^b 等价
```

很明显采用复合赋值运算符会降低程序的可读性,但这样却可以使程序代码简单化,并能提高编译的效率。

8. 逗号运算符

C 语言中逗号是一种特殊的运算符,也就是逗号运算符,用它可以将两个或多个表达式连接起来,形成逗号表达。逗号表达式的一般形式为:

　　表达式 1,表达式 2,表达式 3……表达式 n

这样用逗号运算符组成的表达式在程序运行时,是从左到右计算出各个表达式的值,而整个用逗号运算符组成的表达式的值等于最右边表达式的值,就是"表达式 n"的值。在实际的应用中,使用逗号表达式的目的,只是为了分别得到各个表达式的值,而并不一定要得到和使用整个逗号表达式的值。要注意的还有,并不是在程序的任何位置出现了逗号,就可以认为是逗号运算符。如函数中的参数,同类型变量的定义中的逗号只是用来间隔的,而不是逗号运算符。

【实例 31】 逗号运算符应用实例

```
int i_var1 = 1, i_var2 = 2, i_var3 = 3;
printf("%d %d %d\n", i_var1, i_var2, i_var3);
```

9. 条件运算符

C 语言中有一个三目运算符,它就是"?:"条件运算符,要求有三个运算对象。它可以把三个表达式连接构成一个条件表达式。条件表达式的一般形式如下:

　　逻辑表达式? 表达式 1 : 表达式 2

条件运算符的作用简单来说,就是根据逻辑表达式的值选择使用表达式的值。当逻辑表达式的值为真(非 0 值),整个表达式的值为表达式 1 的值;当逻辑表达式的值为假(值为 0)时,整个表达式的值为表达式 2 的值。要注意的是,条件表达式中逻辑表达式的类型可以与表达式 1 和表达式 2 的类型不一样。

【实例 32】 条件运算符应用实例

```
if (a<b)
min = a;
else
min = b;
```

实例说明:这一段程序代码的意思是:当 a<b 时,min 的值为 a 的值,否则,为 b 的值。取 ab 两数中较小的值放入 min 变量中,如果使用条件运算符去构成,条件表达式就变得简单明了了。即 min = (a<b)? a : b。

10. 指针和地址运算符

指针是 C 语言中一个十分重要的概念,也是学习 C 语言中的一个难点。C 语言中提供了两个专门用于指针和地址的运算符:∗　取内容 、&　取地址

取内容和取地址的一般形式分别为:

　　变量 = ∗ 指针变量

　　指针变量 = & 目标变量

【实例33】 指针和地址运算符应用实例

```
#include<stdio.h>
main()
{
int i;
int* int_ptr;
int_ptr=&i;
*int_ptr=5;
printf("\n i=%d",i);
}
```

程序执行结果：

i=5

取内容运算是将指针变量所指向的目标变量的值赋给左边的变量；取地址运算是将目标变量的地址赋给左边的变量。要注意的是：指针变量中只能存放地址（也就是指针型数据），一般情况下不要将非指针类型的数据赋值给一个指针变量。

11. 强制类型转换运算符

C语言中的"()"就是强制类型转换运算符，它的作用是将表达式或变量的类型强制转换成为所指定的类型。强制类型转换运算符的一般使用形式为：

（类型）＝表达式

强制类型转换在给指针变量赋值时特别有用。

【实例34】 强制类型转换运算符应用实例一

外部数据存储器（xdata）中定义了一个字符型指针变量px,若给这个指针变量赋以初值oxB000,可以写成：

px=(char xdata*)oxB00;//这种方法特别适合于用标识符来存取绝对地址

【实例35】 强制类型转换运算符应用实例二

```
void main(void)
{
unsigned char a;
unsigned int b;
b=100*4;
a=b;
while(1);
}
```

其中,a的值是不会等于100*4的。因为a和b中一个是char类型一个是int类型,char只占一个字节,值最大只能是255。程序的运行情况如图4-1所示。

由b=100*4就可以得知b=0x190,这时我们可以在watches查看a的值,在这个窗口Locals页里可以查看程序运行中变量的值,也可以在watch页中输入所要查看的变量名,对它

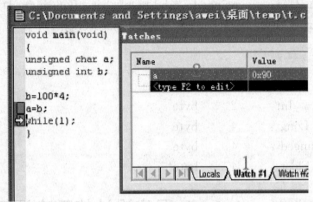

图 4-1　程序运行情况

的值进行查看。做法是:先按图 4-1 中的 watch♯1(或 watch♯2),然后将光标移到图中的 2 按 F2 键,这样就可以输入变量名了。a 的值为 0x90,也就是 b 的低 8 位。隐式转换是在程序进行编译时由编译器自动去处理完成的,所以有必要了解隐式转换的规则:

1)变量赋值时发生的隐式转换,"="号右边的表达式的数据类型转换成左边变量的数据类型。就如上面例子中的把 int 赋值给 char 字符型变量,得到的 char 将会是 int 的低 8 位。如果把浮点数赋值给整形变量,小数部分将丢失。

2)所有 char 型的操作数转换成 int 型。

3)两个具有不同数据类型的操作数用运算符连接时,隐式转换会按以下次序进行:如有一操作数是 float 类型,则另一个操作数也会转换成 float 类型;如果一个操作数为 long 类型,则另一个也转换成 long;如果一个操作数是 unsigned 类型,则另一个操作也会被转换成 unsigned 类型。

12. Sizeof 运算符

C 语言提供了一种用于求取数据类型、变量以及表达式的字节数的运算符:sizeof。该运算符的一般使用形式为:

sizeof (表达式) 或 sizeof (数据类型)

应该注意的是,sizeof 是一种特殊的运算符,不要错误地认为它是一个函数。实际上,字节数的计算在程序编译时就完成了,而不是在程序执行的过程中才计算出来的。

【实例 36】 Sizeof 运算符应用实例一

```
int a[12];
printf("%d\n", sizeof a/sizeof a[0]);
```

【实例 37】 Sizeof 运算符应用实例二

```
#include<stdio. h>
main()
{
printf("\n    char: %bd byte", sizeof(char));
    printf("\n    int: %bd byte", sizeof(int));
    printf("\n    long: %bd byte", sizeof(long));
```

```
printf("\n      unsinged：%bd byte", sizeof(unsingned))；
printf("\n      float：%bd  byte", sizeof(float))；
}
```

程序执行结果：

Char：	1	byte
Int：	2	byte
Long：	4	byte
Unsinged :	4	byte
Float :	4	byte

4.6 C 程序设计的基本语句

4.6.1 表达式语句

C 语言是一种结构化的程序设计语言。它提供了相当丰富的程序控制语句。表达式语句是最基本的一种语句。在表达式后面加入分号""；就构成表达式语句。在 C 语言中有一个特殊的表达式语句,称为空语句,它仅仅是由一个分号""；组成。

表达式语句是最基本的一种语句。不同的程序设计语言会有不一样的表达式语句,如 VB 就是在表达式后面加入回车,就构成了 VB 的表达式语句,而在 51 单片机的 C 语言中则是加入分号"；"构成表达式语句。

【实例 38】 表达式语句应用实例一

```
b = b*10;
Count++;
X = A;Y = B;
Page = (a+b)/a-1;
```

以上都是合法的表达式语句。很多初学者往往会因在程序中加入了全角符号、打错或漏掉后面的"；"等,造成程序不能被正常地编译。

【实例 39】 表达式语句应用实例二

```
# include<stdio. h>
# include <reg51. h>
Char_getkey( )
{
  Char   c;
  While(! RI);
  C = SBUF;
  RI = 0;
  Return(c);
}
```

4.6.2　复合语句

由若干条语句组合而成的语句就叫复合语句。复合语句之间用{}分隔,而它内部的各条语句还是需要以分号";"结束。复合语句的一般形式为:

```
{ 局部变量定义;
语句 1;
语句 2;
………
语句 n;
}
```

【**实例 40**】　复合语句应用实例一

```
{
a=2;
b=a+3;
i++;
}
```

【**实例 41**】　复合语句应用实例二

```c
#include <conio.h>
#include <stdio.h>

int main()
{   int a=3,b=2,c=1;
        clrscr();
        printf("[1]: %d, %d, %d\n", a, b, c);
        {
                int b=5;
                int c=12;
                printf("[2]: %d,%d,%d\n",a,b,c);
        }
        printf("[3] %d,%d,%d,",a,b,c);
        getch();
        return 0;
}
```

运行结果为:

[1]: 3, 2, 1

[2]: 3,5,12

[3]：3,2,1

复合语句是允许嵌套的,也就是说在{}中的{}也是复合语句。复合语句在程序运行时,{}中的各行单语句是依顺序执行的。在C语言中可以将复合语句视为一条单语句,也就是说在语法上等同于一条单语句。

4.6.3　条件语句

条件语句又被称为分支语句,其关键字是由 if 构成。C语言提供 3 种形式的条件语句:

1. if (条件表达式) 语句

当条件表达式的结果为真时,就执行语句,否则就跳过。

【实例 42】　条件语句应用实例一

　　　if (a==b) a++; //当 a 等于 b 时,a 就加 1

2. if (条件表达式) 语句 1

　　　　　　　else 语句 2

当条件表达式成立时,就执行语句 1,否则就执行语句 2。

【实例 43】　条件语句应用实例二

　　　if (a==b)

　　　a++;

　　　else

　　　　a--; // 当 a 等于 b 时,a 加 1,否则 a—

3. if (条件表达式 1) 语句 1

　　else if (条件表达式 2) 语句 2

　　else if (条件表达式 3) 语句 3

　　else if (条件表达式 m) 语句 n

　　else 语句 m

这是由 if else 语句组成的嵌套,用来实现多方向条件分支。使用时应注意 if 和 else 的配对使用,要是少了一个就会语法出错,记住 else 总是与最临近的 if 相配对。一般条件语句只会用作单一条件或少数量的分支,如果多数量的分支时,则更多的会用到下一篇中的开关语句。如果使用条件语句来编写超过 3 个以上的分支程序的话,会使程序变得不是那么清晰易读。

4.6.4　开关语句

用多个条件语句可以实现多方向条件分支,但是使用过多的条件语句实现多方向分支时,会使条件语句嵌套过多,程序冗长,这样也很不好读。这时使用开关语句既可以达到处理多分支选择的目的, 又可以使程序结构清晰。它的语法为下:

　　switch (表达式)

　　{

　　　case 常量表达式 1: 语句 1; break;

```
case 常量表达式 2：语句 2；break；
case 常量表达式 3：语句 3；break；
case 常量表达式 n：语句 n；break；
default：语句
}
```

　　运行中 switch 后面的表达式的值将会做为条件，与 case 后面的各个常量表达式的值相对比，如果相等时，则先执行 case 后面的语句，再执行 break（间断语句）语句，跳出 switch 语句。如果 case 后没有和条件相等的值时，就执行 default 后的语句。当没有符合要求的条件不做任何处理时，则可以不写 default 语句。

　　【实例 44】　开关语句应用实例

```
#include<stdio.h>
    main()
    {
        char c;
        while(c!=27)                    /*循环直到按 Esc 键结束*/
        {
            c=getch();                  /*从键盘不回显接收一个字符*/
            switch(c)
            {
                case 'A':               /*接收的字符为'A'*/
                    putchar(c);
                    break;              /*退出开关语句*/
                case 'B':
                    putchar(c);
                    break;
                default:                /*接收的字符非'A'和'B'*/
                    puts("Error");
                    break;
            }
        }
    }
```

4.6.5　循环语句

　　循环语句是用来实现需要多次反复进行的操作。在 C 语言中构成循环控制的语句有 while，do-while，for 和 goto 语句。一般形式如下：

　　1. while 语句

　　while 语句的意思很容易理解，在英语中它的意思是"当…的时候…"，在这里我们可以理解为"当条件为真的时候就执行后面的语句"，它的语法如下：

　　while（条件表达式）语句；

　　使用 while 语句时要注意：当条件表达式为真时，它才执行后面的语句，执行完后再次回到 while 执行条件判断，为真时重复执行语句，为假时退出循环体。当条件一开始就为假时，while 后面的循环体（语句或复合语句）将一次都不执行就退出循环。在调试程序时要注意由 while 的判断条件不能为假而造成的死循环，调试时适当的在 while 处加入断点，也许会使调试工作更加顺利。

【实例 45】 While 语句应用实例

　　显示从 1 到 10 的累加和，读者可以修改一下 while 中的条件，看看结果会如何，从而体会一下它的使用方法。

```c
# include <AT89X51.H>
# include <stdio.h>
void main(void)
{
    unsigned int I = 1;
    unsigned int SUM = 0; //设初值
SCON = 0x50; //串口方式 1,允许接收
    TMOD = 0x20; //定时器 1 定时方式 2
    TCON = 0x40; //设定时器 1 开始计数
    TH1 = 0xE8;   //11.0592MHz 1200 波特率
    TL1 = 0xE8;
    TI = 1;
    TR1 = 1; //启动定时器


while(I<=10)
    {
        SUM = I + SUM; //累加
    printf("%d SUM=%d\n",I,SUM); //显示
    I++;
    }
while(1); //这句是为了避免程序完后,程序指针继续向下造成程序"跑飞"
}
//最后运行结果是 SUM=55;
```

2. do while 语句

　　do while 语句可以说是 while 语句的补充，while 是先判断条件是否成立再执行循环体，而 do while 则是先执行循环体，再根据条件判断是否要退出循环。这样就决定了循环体无论在任何条件下都会至少被执行一次。它的语法如下：

　　do while 语句（条件表达式）

【实例 46】　Do while 语句应用实例

```
# include <AT89X51. H>
# include <stdio. h>

void main(void)
{ unsigned int I = 1;
  unsigned int SUM = 0; //设初值
  SCON = 0x50; //串口方式 1,允许接收
  TMOD = 0x20; //定时器 1 定时方式 2
  TCON = 0x40; //设定时器 1 开始计数
  TH1 = 0xE8; //11. 0592MHz 1200 波特率
  TL1 = 0xE8;
  TI = 1;
  TR1 = 1; //启动定时器

  do
  {
  SUM = I + SUM; //累加
  printf ("%d SUM=%d\n",I,SUM); //显示
  I++;
  }
  while(I<=10);
  while(1);
}
```

　　从上面的程序来看 do while 语句和 while 语句似乎没什么两样,但在实际应用中要注意,任何 do while 的循环体一定会被执行一次。如把上面两个程序中 I 的初值设为 11,那么前一个程序不会得到显示结果,而后一个程序则会得到 SUM=11。

　　3. for 语句

　　C 语言中的 for 语句使用最为灵活,不仅可以用于循环次数已经确定的情况,而且可以用于循环次数不确定而只给出循环结束条件的情况。

　　for 语句的一般形式为:

　　for(表达式 1;表达式 2;表达式 3) 语句

　　它的执行过程是:

　　1)先求解表达式 1;

　　2)求解表达式 2,其值为真时,则执行 for 语句中指定的内嵌语句(循环体),然后执行第三步;如果为假,则结束循环;

3)求解表达式 3;

4)转回上面的第二步继续执行。

for 语句的典型应用是这样一种形式:

for(循环变量初值;循环条件;循环变量增值) 语句

如果变量初值在 for 语句前面赋值,则 for 语句中的表达式 1 应省略,但其后的分号不能省略。表达式 2 也可以省略,但同样不能省略其后的分号,如果省略该式,将不判断循环条件,循环将无终止地进行下去,也就是认为表达式始终为真。表达式 3 也可以省略,但此时编程者应设法保证循环能正常结束。

表达式 1、2、3 都可以省略,如 for(;;)的形式,它的作用相当于 while(1)。

【实例 47】　For 语句应用实例

```
# include <AT89X51. H>
# include <stdio. h>
void main(void)
{
  unsigned int I;
  unsigned int SUM = 0; //设初值
  SCON = 0x50; //串口方式 1,允许接收
  TMOD = 0x20; //定时器 1 定时方式 2
  TCON = 0x40; //设定时器 1 开始计数
  TH1 = 0xE8; //11. 0592MHz 1200 波特率
  TL1 = 0xE8;
  TI = 1;
  TR1 = 1; //启动定时器
  for (I=1; I<=100; I++) //这里可以设初始值,所以变量定义时可以不设
  {
  SUM = I + SUM; //累加
  printf ("%d SUM=%d\n",I,SUM); //显示
  }
  while(1);
}
```

4. continue 语句

continue 语句是用于中断的语句,通常使用在循环中。它的作用是结束本次循环,跳过循环体中没有执行的语句,跳转到下一次循环周期。语法为:continue;

continue 同时也是一个无条件跳转语句,但功能和前面说到的 break 语句有所不同,continue 执行后不是跳出循环,而是跳到循环的开始,并执行下一次的循环。

5. return 语句

return 语句是返回语句,不属于循环语句,是要学习的最后一个语句,所以一并写下了。返回语句是用于结束函数的执行,返回到调用函数时的位置。语法有两种:

```
        return （表达式）;
        return;
```

语法中因带有表达式,返回时先计算表达式,再返回表达式的值。不带表达式则返回的值不确定。

【实例 48】 Return 语句应用实例

```
#include <AT89X51.H>
#include <stdio.h>
int Count(void); //声明函数
void main(void)
{
    unsigned int temp;
    SCON = 0x50; //串口方式 1,允许接收
    TMOD = 0x20; //定时器 1 定时方式 2
    TCON = 0x40; //设定时器 1 开始计数
    TH1 = 0xE8; //11.0592MHz 1200 波特率
    TL1 = 0xE8;
    TI = 1;
    TR1 = 1; //启动定时器
    temp = Count();
    printf("1-10 SUM=%d\n",temp); //显示
    while(1);
}
int Count(void)
{
    unsigned int I, SUM;
    for (I=1; I<=10; I++)
    {
     SUM = I + SUM; //累加
    }
    return (SUM);
}
```

6. goto 语句

goto 语句是一个无条件转向语句,它的一般形式为:

goto 语句标号;//其语句标号是个带冒号的标识符。常见的是在 C 程序中采用 goto 语句来跳出多重循环。

【实例 49】 Goto 语句应用实例

```
void main(void)
```

```
{
unsigned char a;
start: a++;
if (a==10) goto end;
goto start;
end:;
}
```

这段程序的意思是,在程序开始处用标识符"start:"标识,表示这是程序的开始,"end:"标识程序的结束。标识符的定义应遵循前面所讲的标识符定义原则,不能用 C 的关键字,也不能和其它变量或函数名相同,不然就会出错。程序执行 a++,a 的值加 1,当 a 等于 10 时,程序会跳到 end 标识处结束程序,否则跳回到 start 标识处继续 a++,直到 a 等于 10。上面的示例说明 goto 不但可以无条件的转向,而且还可以和 if 语句构成一个循环结构,这些在 C 程序中都不太常见,常见的 goto 语句用法是,用它来跳出多重循环,不过它只可以从内层循环跳到外层循环,不可以从外层循环跳到内层循环。

习题

4-1　C 语言为什么要规定对所有用得到的变量要"先定义,后使用"? 这样做有什么好处?

4-2　字符常量与字符串常量有什么区别?

4-3　说明 goto 语句的特点。

4-4　举例说明各种循环语句的特点。

4-5　C 中的 while 和 do while 的不同点是什么?

4-6　用几种循环方式分别编写程序,显示整数 1~10 的平方。

第5章

函 数

　　函数是C语言中的一种基本模块,实际上一个C语言程序就是由若干个模块化的函数所构成的。其实,main()也算是一个函数,只不过它比较特殊,编译时以它做为程序的开始端。有了函数C语言就有了模块化的优点,一般功能较多的程序,会在编写程序时把每项单独的功能分成数个子程序模块,每个子程序就可以用函数来实现。函数还可以被反复的调用,因此,一些常用的函数可以做成函数库,以供在编写程序时直接调用,从而更好地实现模块化的设计,大大提高编程工作的效率。

5.1 函数定义

　　主程序通过直接书写语句和调用其它函数来实现有关功能,从用户的角度来看,有两种函数:标准库函数和用户自定义函数。标准库函数是C51编译器提供的,不需要用户进行定义,可以直接调用,Keil C提供了100多个库函数供我们直接使用。用户自定义函数是用户根据自己的需要编写的能实现特定功能的函数,它必须先进行定义之后才能调用。函数定义的一般形式为:

函数类型 函数名 (形式参数表)
　　形式参数说明
　　{
　　局部变量定义
　　　函数体语句
　　}

　　其中,"函数类型"说明了自定义函数返回值的类型。

　　"函数名"是自定义函数的名字。"形式参数表"中列出的是在主调用函数与被调用函数之间传递数据的形式参数,形式参数的类型必须要加以说明。ANSI C标准允许在形式参数表中对形式参数的类型进行说明。如果定义的是无参函数,可以没有形式参数表,但圆括号不能省略。"局部变量定义"是对在函数内部使用的局部变量进行定义。"函数体语句"是为完成该函数的特定功能而设置的各种语句。

　　如果定义函数时只给出一对花括号{},而不给出其局部变量和函数体语句,则该函数为"空函数",这种空函数也是合法的。在进行C语言模块化程序设计时,各模块的功能可通过函数来实现。开始时只设计最基本的模块,其他作为扩充功能在以后需要时再加上。编写程序时可在将来准备扩充的地方写上一个空函数,这样可使程序的结构清晰,可读性好,而且易于扩充。

总之，一个函数由两部分组成：

1）函数的首部，即函数的第一行。包括函数名、函数类型、函数属性、函数参数（形参）名、参数类型。一个函数名后面必须跟一对圆括号，即使没有任何参数也是如此。

2）函数体，即函数首部下面的大括号"{ }"内的部分。如果一个函数内有多个大括号，则最外层的一对"{ }"为函数体的范围。

函数体一般包括：声明部分：在这部分中定义所用到的变量；执行部分：由若干个语句组成。在某些情况下可以没有声明部分，甚至可以既没有声明部分，也没有执行部分。

【实例 50】 函数应用实例

定义一个计算整数的正整数次幂的函数

```
Int    pow(x,n)
Int    x,n;
    {
        Int i,p;
        P=1;
        For(i=1;i<=n;++i)
            P=p* x;
        Return(p);
    }
```

函数类型是说明所定义函数返回值的类型。返回值其实就是一个变量，只要按变量类型来定义函数类型就行了。如函数不需要返回值，函数类型就可以写作"void"，表示该函数没有返回值。注意的是，函数体返回值的类型一定要和函数类型一致，否则就会造成错误。函数名称的定义在遵循 C 语言变量命名规则的同时，不能在同一程序中定义同名的函数，否则将会造成编译错误（同一程序中是允许有同名变量的，因为变量有全局和局部变量之分）。形式参数是指调用函数时要传入到函数体内参与运算的变量，它可以有一个、几个或没有。当不需要形式参数也就是无参函数时，括号内可以为空或写入"void"表示，但括号不能少。函数体中可以包含有局部变量的定义和程序语句，如函数要返回运算值，则要使用 return 语句进行返回。在函数的{ }号中也可以什么都不写，这就成了空函数。在一个程序项目中可以写一些空函数，在以后的修改和升级中可以方便地在这些空函数中进行功能扩充。

5.2　函数的调用

5.2.1　函数的调用形式

C 语言程序中函数是可以互相调用的。所谓函数调用就是在一个函数体中引用另外一个已经定义了的函数，前者称为主调用函数，后者称为被调用函数。函数调用的一般形式为：

函数名（实际参数表）

其中，"函数名"指被调用的函数。

　　函数定义好以后,要被其它函数调用了才能被执行。C 语言的函数是可以相互调用的,但在调用函数前,必须对函数的类型进行说明,就算是标准库函数也不例外。标准库函数的说明按功能分别写在不同的头文件中,使用时只需在文件最前面用♯include 预处理语句引入相应的头文件。如前面一直有使用的 printf 函数说明,就是放在文件名为 stdio.h 的头文件中。调用就是指一个函数体中引用另一个已定义的函数来实现所需要的功能,这时函数体称为主调用函数,函数体中所引用的函数称为被调用函数。一个函数体中可以调用数个其它的函数,这些被调用的函数同样也可以调用其它函数,也可以嵌套调用。在 C51 语言中有一个函数是不能被其它函数所调用的,它就是 main 主函数。实际参数表可以为零或多个参数,多个参数时要用逗号隔开,每个参数的类型、位置应与函数定义时的形式参数一一对应。它的作用就是把参数传到被调用函数中,如果类型不对应就会产生一些错误。调用的函数是无参函数时可以不写参数,但不能省略后面的括号。

1. 函数语句

在主调用函数中将函数调用作为一条语句:　fun1　( )

这是无参调用,它不要求被调函数返回一个确定的值,只要求它完成一定的操作。

2. 函数参数

在主调用函数中,将函数调用作为另一个函数调用的实际参数。

【实例 51】　函数参数应用实例

　　y=pow(pow(i,j),k);

其中,函数调用 pow(i,j)放在另一个函数调用 pow(pow(i,j),k)的实际参数表中,以其返回值作为另一个函数调用的实际参数。这种在调用一个函数的过程中又调用了另外一个函数的方式,称为嵌套函数调用。

3. 函数表达式

在主调用函数中,将函数调用作为一个运算对象直接出现在表达式中,这种表达式称为函数表达式。

【实例 52】　函数表达式应用实例

　　c=pow(x,n)＋pow(y,m);

这其实是一个赋值语句,它包括两个函数调用,每个函数调用都有一个返回值,将两个返回值相加的结果,赋值给变量 c。因此,这种函数调用方式要求被调函数返回一个确定的值。

5.2.2　函数的参数和函数的返回值

　　在调用一个函数之前(包括标准库函数).必须对该函数的类型进行说明,即“先说明,后调用”。如果调用的是用户自定义函数,而且该函数与调用它的函数在同一个文件中,一般应该在主调用函数中对被调用函数的类型进行说明。

　　在进行函数调用时,主调用函数与被调用函数之间具有数据传递关系,这种数据传递是通过函数的参数实现的。在定义一个函数时,位于函数名后面的圆括号中的变量名称为“形式参数”,而在调用函数时,函数名后面括号中的表达式称为“实际参数”,实际参数可以是常数,也可以是变量或表达式,但要求它们具有确定的值。进行函数调用时,主调用函数是将实际参数的值传递到被调用函数中的形式参数。而且实际参数的类型必须与形式参数的类型一致,否则会发生"类型不匹配"的错误。形式参数在未发生函数调用之前,不占用内存单元,因而也是没有值的。只有在发生函数调用时,它才被分配内存单元,同时获得从主调用函数中实际参数传递过来的值。函数调用结束后,它所占用的内存单元也被释放。一般希望通过函数调用使主调用函数获得一个确定的值,这就是函数的返回值,它是通过 return 语句获得的。在定义一个函数时,函数本身的类型应与 return 语句中变量或表达式的类型一致,如果不一致,则以函数的类型为准。如果不需要被调用函数返回一个确定的值,则可以不要 return 语句,同时应将被调用函数定义成 viod 类型。函数返回值的类型确定了该函数的类型,因此,在定义一个函数时,函数本身的类型应与 return 语句中变量或表达式的类型一致。例如上例中 Pow() 函数被定义为 int 类型,return 语句中的变量 P 也被定义为 int 类型。如果函数类型与 return 语句中表达式的值类型不一致,则以函数的类型为准。对于数值数据可以自动进行类型转换,即函数的类型决定返回值的类型,如果不需要被调用函数返回一个确定的值,则可以不要 return 语句,因此,在一个 void 类型函数的调用结束时,将从该函数的最后一个花括号处返回到主调用函数。

前面说到调用函数前要对被调用的函数进行说明。标准库函数只要用 #include 引入已写好说明的头文件,程序就可以直接调用函数了。如调用的是自定义的函数,则要用如下形式编写函数类型说明:类型标识符　函数的名称(形式参数表);

这样的说明方式是用在当被调函数定义和主调函数在同一文件中时。也可以把这些写到文件名 . h 的文件中,用 #include "文件名 . h" 引入。如果被调函数的定义和主调函数不在同一文件中时,则要用如下的方式进行说明,说明被调函数的定义在同一项目的不同文件之上,其实库函数的头文件也是如此说明库函数的,如此说明的函数也可以称为外部函数。extern 类型标识符　函数的名称(形式参数表);

函数的定义和说明是完全不同的,在编译的角度上看,函数的定义是把函数编译存放在 ROM 的某一段地址上,而函数说明是告诉编译器要在程序中使用那些函数,并确定函数的地址。如果在同一文件中被调函数的定义在主调函数之前,这时可以不用说明函数类型。也就是说,在 main 函数之前定义的函数,在程序中就可以不用写函数类型说明了。可以在一个函数体调用另一个函数(嵌套调用),但不允许在一个函数定义中定义另一个函数。还要注意的是,函数定义和说明中的"类型、形参表、名称"等都要一致。

5.2.3　实际参数的传递方式

在进行函数调用时,必须用主调函数中的实际参数来替换被调函数中的形式参数,这就是所谓的参数传递。在 C 语言中,对于不同类型的实际参数,有三种不同的参数传递方式。

1. 基本类型的实际参数传递

当函数的参数是基本类型的变量时,主调函数将实际参数的值传递给被调用函数中的形式参数,这种方式称为值传递。前面讲过,函数中的形式参数在未发生函数调用之前是不占用内存单元的,只有在进行函数调用时才为其分配临时存储单元,而函数的实际参数是要占用确定的存储单元的。值传递方式是将实际参数的值,传递到为被调函数中形式参数分配的临时存储单元中。函数调用结束后,临时存储单元被释放,形式参数的值也就不复存在,但实际参数所占用的存储单元保持原来的值不变。这种参数传递方式在执行被调函数时,如果形式参数的值发生变化,可以不必担心主调函数中实际参数的值会受到影响,因此值传递是一种单向传递。

2. 数组类型的实际参数传递

当函数的参数是数组类型的变量时,主调函数将实际参数数组的起始地址,传递给被调用函数中形式参数的临时存储单元,这种方式称为地址传递。地址传递方式在执行被调函数时,形式参数通过实际参数传来的地址,直接到主调函数中去存取相应的数组元素,故形式参数的变化会改变实际参数的值,因此地址传递是一种双向传递。

3. 指针类型的实际参数传递

当函数的参数是指针类型的变量时,主调函数将实际参数的地址,传递给被调用函数中形式参数的临时存储单元,因此也局于地址传递。在执行被调函数时,也是直接到主调函数中去访问实际参数变量,在这种情况下,形式参数的变化会改变实际参数的值。函数调用中所涉及的都是基本类型的实际参数传递,这种参数传递方式比较容易理解和应用。

5.3　中断函数

中断服务函数是编写单片机应用程序不可缺少的。中断服务函数只有在中断源请求响应中断时才会被执行,这在处理突发事件和实时控制时是十分有效的。例如:电路中有一个按键,要求按键后 LED 点亮,这个按键何时会被按下是不可预知的,为了要捕获这个按键的事件,通常会有三种方法,一是用循环语句不断地对按键进行查询;二是用定时中断在间隔时间内扫描按键;三是用外部中断服务函数对按键进行捕获。在这个应用中只有单一的按键功能,那么第一种方式就可以胜任了,程序也很简单,但是它会不停地对按键进行查询,浪费了 CPU的时间。实际应用中一般都还会有其它的功能要求同时实现,这时可以根据需要选用第二或第三种方式,第三种方式占用的 CPU 时间最少,只有在有按键事件发生时,中断服务函数才会被执行,其余的时间则是执行其它的任务。

定义中断服务函数的形式:

函数类型　函数名（形式参数）interrupt n〔using n〕

interrupt 关键字是不可缺少的,由它告诉编译器该函数是中断服务函数,并由后面的 n指明所使用的中断号。n 的取值范围为 $0 \sim 31$,但具体的中断号要取决于芯片的型号,像AT89C51 实际上就使用 $0 \sim 4$ 号中断。每个中断号都对应一个中断向量,具体地址为 $8n+3$,中断源响应后处理器会跳转到中断向量所处的地址执行程序,编译器会在这个地址上产生一个无条件跳转语句,转到中断服务函数所在的地址执行程序。51 芯片的中断向量和中断号见表 5-1。

使用中断服务函数时应注意:中断函数不能直接调用中断函数;不能通过形式参数传递参数;在中断函数中调用其它函数时,两者所使用的寄存器组应相同。限于篇幅,其它与函数相关的知识这里不能一一加以说明,如变量的传递、存储,局部变量,全部变量等。

表 5-1   51 芯片中断向量和中断号对照表

中断号	中断源	中断向量
0	外部中断 0	000311
1	定时器计算器 0	000311
2	外部中断 1	001311
3	定时器计算器 1	001311
4	串行口	002311

【实例 53】 中断函数应用实例

在 P3.2(12 引脚外部中断 INT0)和地线之间接个按键,当接在 P3.2 引脚的按键接下时,中断服务函数 Int0Demo 就会被执行,把 P3 当前的状态反映到 P1,如按键接下后,P3.7 为低,这时 P1.7 上的 LED 就会熄灭。放开 P3.2 上的按键后,P1LED 状态保持先前按下 P3.2 时 P3 的状态,如图 5-1 所示。

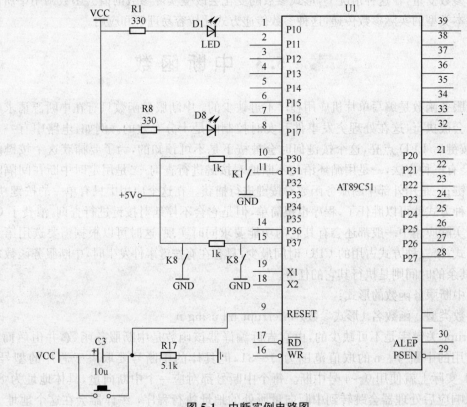

图 5-1   中断实例电路图

```
#include <at89x51.h>
unsigned char P3State(void);  //函数的说明
void main(void)
{
```

```
    IT0 = 0; //设外部中断 0 为低电平触发
    EX0 = 1; //允许响应外部中断 0
    EA = 1; //总中断开关
while(1);
}   //外部中断 0 演示
void Int0Demo(void) interrupt 0 using 2
{
unsigned int Temp; //定义局部变量
    P1 = ~P3State(); //调用函数取得 P2 的状态反相后并赋给 P1
    for (Temp = 0; Temp<50; Temp+ +); //延时
}   //用于返回 P3 的状态,
unsigned char P3State(void)
{
unsigned char Temp;
Temp = P3; //读取 P3 的引脚状态并保存在变量 Temp 中
return Temp;
}
```

习题

5-1　C 语言中函数有什么特征？函数的存储类型和数据类型的意义是什么？

5-2　如何定义一个函数？

5-3　作为函数形式参数使用的数组名具有什么特征？它们的使用特点是什么？

5-4　如何使得一个函数返回多值？

5-5　写两个函数,分别求八个整数的平均数,用主函数调用这两个函数,并输出结果,八个整数由键盘输入。

第 6 章

数组与指针

C语言还提供了一些扩展的数据类型。字符型(char)、整型(int)和浮点型(float)等数据，都属于基本数据类型。这些按一定规则构成的数据类型有：数组、结构、指针、共用体和枚举等。它们是对基本数据类型的扩展，称之为构造数据类型。

◢◢◢ 6.1 数 组

C语言具有使用户能够定义一组有序数据项的能力，这组有序的数据即数组。数组是一组具有固定数目和相同类型成分分量的有序集合，其成分分量的类型为该数组的基本类型。如整型变量的有序集合称为整型数组，字符型变量的有序集合称为字符型数组。这些整型或字符型变量是各自所属数组的成分分量，称为数组元素。

构成一个数组的各元素必须是同一类型的变量，不允许在同一数组中出现不同类型的变量。数组数据是用同一个名字的不同下标访问的，数组的下标放在方括号中，是从 0 开始($0,1,2,3,\cdots,n$)的一组有序整数，例如：数组 a[i]，当 $i=0,1,2,\cdots,n$ 时，a[0]，a[1]，$\cdots$，a[n]分别是数组 a[i]的元素(或成员)。数组有一维、二维、三维和多维数组之分。常用的有一维、二维数组和字符数组。

6.1.1 一维数组

1. 一维数组的定义方式

    类型说明符   数组名[整型表达式]

【实例54】 一维数组应用实例一

        Char   a[10]

2. 数组的初始化

数组中的值，可以在程序运行期间，用循环和键盘输入语句进行赋值。但这样做将耗费机器许多的运行时间，对大型数组而言，这种情况更加突出。对此可以用数组初始化的方法加以解决。

所谓数组初始化，就是在定义说明数组的同时，给数组赋新值。这项工作是在程序的编译完成的。

对数组的初始化可用以下方法实现。

1)在定义数组时对数组的全部元素赋予初值。

【实例55】 一维数组应用实例二

       Int   idata b[8]={0,1,2,3,4,5,6,7}

其中 b[0]＝0，b[1]＝1······b[7]＝7

2）只对数组的部分元素初始化。

【**实例 56**】　一维数组应用实例三

　　　Int　idata b[10]＝{0,1,2,3,4,5}

　　　其中 b[0]＝0，b[1]＝1······b[4]＝5，b[5]＝b[9]＝0

3）在定义数组时，若不对数组的全部元素赋予初值，数组的全部元素被缺省地赋值为 0。

【**实例 57**】　一维数组应用实例四

　　　Int idata b[10]

　　　其中 b[0]～ b[9]全部为 0。

6.1.2　字符数组

基本类型为字符类型的数组称为字符数组。字符数组是用来存放字符的。在字符数组中，一个元素存放一个字符，可以用字符数组来存储长度不同的字符串。

1. 字符数组的定义

字符数组的定义与数组定义的方法类似。

2. 字符数组置初值

字符数组置初值最直接的方法是，将各字符逐个赋给数组中的各个元素。C 语言还允许用字符串直接给字符数组置初值。其方法有以下两种形式：

用双引号" "括起来的一串字符，称为字符串常量；

用单引号' '括起来的字符为字符的 ASCII 码值，而不是字符串。

【**实例 58**】　字符数组置初值应用实例一

　　　Char　b[10]＝ {"how are you "}

【**实例 59**】　字符数组置初值应用实例二

使用冒泡法排序程序

```
# include <AT89X51. H>
# include <stdio. h>
void taxisfun (int taxis2[])
{
unsigned char TempCycA,TempCycB,Temp;

for (TempCycA = 0; TempCycA< =8; TempCycA + + )
   for (TempCycB = 0; TempCycB< =8 - TempCycA; TempCycB + + )
   {//TempCycB<8 - TempCycA 比用 TempCycB< =8 少用很多循环
    if (taxis2[TempCycB + 1]>taxis2[TempCycB]) //当后一个数大于前一个数
    {
        Temp = taxis2[TempCycB]; //前后两数交换
        taxis2[TempCycB] = taxis2[TempCycB + 1];
```

```
        taxis2[TempCycB + 1] = Temp ; //因函数参数是数组名调用形参的变动影响实参
        }
    }
}
void main(void)
{
    int taxis[] = {113,5,22,12,32,233,1,21,129,3};
    char Text1[] = {"source data:"}; //"源数据"
    char Text2[] = {"sorted data:"}; //"排序后数据"
    unsigned char TempCyc;
    SCON = 0x50; //串口方式 1,允许接收
    TMOD = 0x20; //定时器 1 定时方式 2
    TCON = 0x40; //设定时器 1 开始计数
    TH1 = 0xE8;   //11.0592MHz 1200 波特率
    TL1 = 0xE8;
    TI = 1;
    TR1 = 1; //启动定时器
    printf("%s\n",Text1); //字符数组的整体引用
    for (TempCyc = 0; TempCyc<10; TempCyc + + )
    printf("%d ",taxis[TempCyc]);
    printf("\n- - - - - - - - - -\n");
    taxisfun (taxis); //以实际参数数组名 taxis 做参数被函数调用
    printf("%s\n",Text2);
    for (TempCyc = 0; TempCyc<10; TempCyc + + ) //调用后 taxis 会被改变
    printf("%d ",taxis[TempCyc]);
    while(1);
}
```

6.2 指 针

指针就是指变量或数据所在的存储区地址。如一个字符型的变量 STR 存放在内存单元
DATA 区的 51H 这个地址中,那么 DATA 区的 51H 地址就是变量 STR 的指针。在 C 语言
中指针是一个很重要的概念,正确有效地使用指针类型的数据,可以更有效地表达复杂的数据
结构;可以更有效地使用数组或变量;可以方便直接地处理内存或其它存储区。指针之所以可
以这么有效的操作数据,是因为无论程序的指令、常量、变量或特殊寄存器都要存放在内存单
元或相应的存储区中,这些存储区是按字节来划分的,每一个存储单元都可以用唯一的编号去
读或写数据,这个编号就是常说的存储单元的地址,而读写这个编号的动作就叫做寻址,通过

寻址，就可以访问到存储区中的任何一个可以访问的单元，而这个功能是变量或数组等不能代替的。C 语言也因此引入了指针类型的数据类型，专门用来确定其他类型数据的地址。用一个变量来存放另一个变量的地址，那么用来存放变量地址的变量称为"指针变量"。如用变量 STRIP 来存放文章开头的 STR 变量的地址 51H，变量 STRIP 就是指针变量。变量的指针和指针变量不同（如图 6-1 所示）。

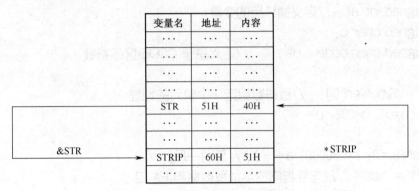

图 6-1　变量的指针和指针变量

变量的指针就是变量的地址，用取地址运算符'&'取得赋给指针变量。&STR 就是把变量 STR 的地址取得。用语句 STRIP = &STR 就可以把所取得的 STR 指针存放在 STRIP 指针变量中。STRIP 的值就变为 51H。可见指针变量的内容是另一个变量的地址，地址所属的变量称为指针变量所指向的变量。要访问变量 STR，除了可以用'STR'这个变量名来访问之外，还可以用变量地址来访问。方法是，先用 &STR 取变量地址并赋于 STRIP 指针变量，然后就可以用 *STRIP 来对 STR 进行访问了。'*'是指针运算符，用它可以取得指针变量所指向的地址的值。在上图中指针变量 STRIP 所指向的地址是 51H，而 51H 中的值是 40H，那么 *STRIP 所得的值就是 40H。

1. 指针变量的定义

C 语言规定所有的变量在使用之前必须定义，以确定其类型。指针变量也不例外，由于它是专门用来存放地址的，因此，它必须定义为"指针类型"。

指针定义的一般形式为：

类型识别符　*指针变量名

2. 指针变量的引用

指针既然可以指向变量，当然也可以指向数组。数组的指针——所谓数组的指针，就是数组的起始地址。指向数组的指针变量——若有一个变量用来存放一个数组的起始地址（指针），则它称为指向数组的指针变量。

【实例 60】　指针应用实例

```
#include <AT89X51.H>  //预处理文件里面定义了特殊寄存器的名称，如 P1 口定义
为 P1
void main(void)
```

```
{
unsigned char code design[]={0xFF,0xFE,0xFD,0xFB,0xF7,0xEF,0xDF,0xBF,0x7F,
                             0x7F,0xBF,0xDF,0xEF,0xF7,0xFB,0xFD,0xFE,0xFF,
                             0xFF,0xFE,0xFC,0xF8,0xF0,0xE0,0xC0,0x80,0x0,
                             0xE7,0xDB,0xBD,0x7E,0xFF};
unsigned int a;   //定义循环用的变量
unsigned char b;
unsigned char code * dsi;      //定义基于 CODE 区的指针
do{
dsi = &design[0];  //取得数组第一个单元的地址
for (b=0; b<32; b++)
  {
  for(a=0; a<30000; a++); //延时一段时间
  P1 = *dsi; //从指针指向的地址取数据到 P1 口
  dsi++; //指针加 1,
  }
}while(1);
}
```

　　查看变量和存储器的值(如图 6-2 所示)。编译程序并执行,然后打开变量窗口,如图 6-2 所示。用单步执行,就可以查到指针的变量。图中所示的是程序循环执行到第二次,这时指针 dsi 指向 c: 0x0004 这个地址,这个地址的值是 0xFE。在存储器窗口可以察看各地址单元的值。

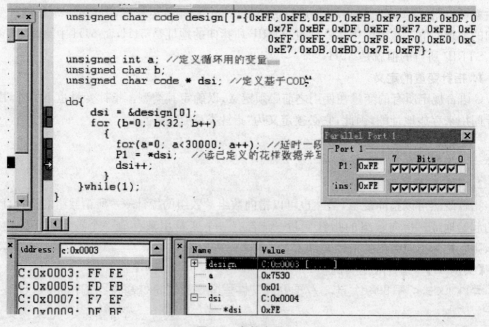

图 6-2　参数查看

习题

6-1　数组和指针有什么区别?

6-2　举例说明一维数组的应用。

6-3　怎样使用指针解决不同存储空间的问题?

6-4　举例说明多维数组的应用。

6-5　解释指向数组的指针和指针数组的不同。各举一个例子。

6-6　指针的存储类型和数组的意义是什么? 指针本身的数据类型如何确定?

第7章

C 语言程序设计

单片机程序设计的基本方法有顺序程序设计、分支程序设计、循环程序设计、函数等,只有灵活地掌握程序设计的基本方法,才能设计出优秀的 C 语言程序。程序的基本算法结构分为顺序结构、分支(选择)结构、循环结构和函数等。

7.1 顺序结构程序设计

【实例 61】 顺序程序设计实例
顺序结构程序设计是指,程序的执行过程是按照程序代码在存储器中的存放顺序进行的。

```c
#include "stdio. h"
#include"reg51. h"
#define uint unsigned int
#define uchar unsigned char
main()
{
float a=2,b=1,s=0
P1=0xff
TH0=0x1f
TI=0xfd
s=s+a/b;
}
```

7.2 分支(选择)结构程序设计

分支结构可以分成单分支、双分支和多分支几种情况 (如图 7-1 所示)。
【实例 62】 递归实例
利用递归方法求 5!

```c
#include "stdio. h"
main()
{
int i;
```

```
int fact();
for(i=0;i<5;i++)
  printf("\40:%d! =%d\n",i,fact(i));
}
int fact(j)
int j;
{
int sum;
if(j= =0)
  sum=1;
else
  sum=j*fact(j-1);
return sum;
}
```

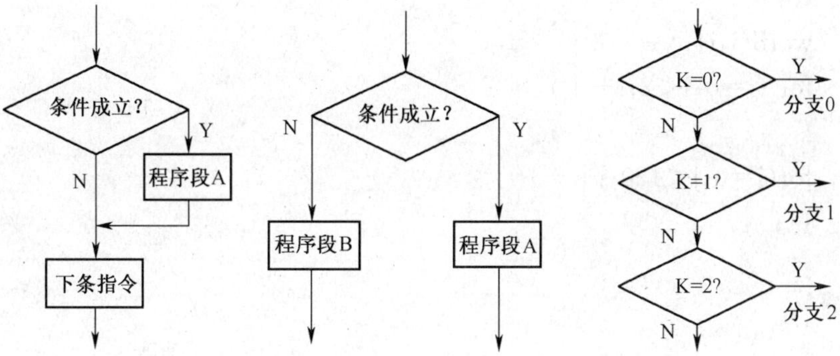

图 7-1 分支程序的几种情况

7.3 循环程序设计

在解决实际问题中,往往会遇到一些问题不能一次完成,而是一组操作重复多次才能完成的情况,这时应采用循环结构,以简化程序结构,缩短程序的执行时间。循环程序一般由循环初值、循环体、循环控制判断部分组成。分别用 for、while、do while 语句来编写,程序有一重循环和多重循环。

1. for 语句单循环程序设计

【实例 63】 For 单循环实例

```
#include"reg51.h"
#define uint unsigned int
```

```
#define uchar unsigned char
uchar i;
  void main()
{
    for(i=1;i<10;i++);
}
```

2. for 语句双循环程序设计

【实例 64】 For 双循环实例

```
#include"reg51.h"
#define uint unsigned int
#define uchar unsigned char
uchar word,i,j;
uchar count=2;
void DelayX1ms()
{
word(i,j);
for (i=0;i<2;i++)
{
for(j=0;j<120;j++)
{};
}
}
```

3. for 语句三循环程序设计

【实例 65】 For 三循环实例

```
#include"reg51.h"
#define uint unsigned int
#define uchar unsigned char
uchar word,i,j,k;
viod DelayX1ms(word count)
{
Byte i,j,k;   /* declare Byte,assembly different */
for(i=0;i<count;i++)
for(j=0;j<40;j++)
for(k=0;k<120;k++);
}
```

4. while 语句单循环程序设计

【实例 66】　While 语句单循环实例

```c
#include"reg51. h"
#define uint unsigned int
#define uchar unsigned char
uchar i,sum;
void main()
{
    i=1;
    while(i<=10)
    {
    sum=sum+i;
    i++;}


}
```

5. while 语句双循环程序设计

【实例 67】　While 语句双循环实例

```c
#include"reg51. h"
#define uint unsigned int
#define uchar unsigned char
uchar i,j;
uchar count=2;
void main()
{
    i=0;
    while(i<count)
    {
        j=0;
        while(j<40)
        {
            j++;
        }
        i++;
    }

}
```

▶ 7.4　单片机 I/O 口控制程序

分别用位操作法、循环法、查表法,控制彩灯各种花样的变化。

【实例 68】　P1 口实例

P1 口接 8 个发光二极管低电平触发,让其中的 1 个灯点亮,同时修改程序使得其他任意 1 个灯亮。

```c
#include<reg52.h>
void main (void)
{
P1 = 0xFF;                  //灯全部灭掉
while (1)          //主循环
  {
   P1 = 0xfe;       //P1 口的最低位点亮,可以更改数值使其他的灯点亮
  }
}
```

【实例 69】　控制显示口实例

```c
#include<reg52.h>
sbit KEY = P3^0;//定义按键的接口
sbit LED = P1^0;//定义灯的接口
MAIN C Function
void main (void)
{
P1 = 0xFF;                  //所有的灯灭
while (1)
  {
   LED = KEY;        //灯的状态由按键的状态决定
  }
}
```

【实例 70】　节日彩灯实例

做一彩灯控制器,电路如图 7-2 所示,8 个发光二极管 L1~L8 分别接在单片机的 P1.0~P1.7 接口上,输出"0"时,发光二极管亮彩灯由 P1.0→P1.1→P1.2→P1.3→····→P1.7→P1.6→····→P1.0 循环点亮。

C 语言程序如下:

```c
#include <AT89X51. H>
```

```c
unsigned char i;
unsigned char temp;
unsigned char a,b;

void delay(void)
{
  unsigned char m,n,s;
  for (m=20;m>0;m--)
  for (n=20;n>0;n--)
  for(s=248;s>0;s--);
}
void main(void)
{
  while (1)
    {
      temp=0xfe;
      P1=temp;
      delay ();
      for (i=1;i<8;i++)
        {
          a=temp<<i;
          b=temp>>(8-i);
          P1=a|b;
          delay ();
        }
      for(i=1;i<8;i++)
        {
          a=temp>>i;
          b=temp<<(8-i);
          P1=a|b;
          delay();
        }
    }
}
```

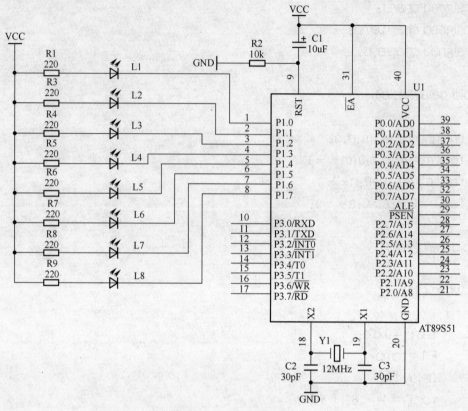

图 7-2　彩灯实例电路图

习题

7-1　用查表方法编写控制 P1、P2、P3 三个接口控制的 32 个指示灯形成至少 4 种花样灯效果。

7-2　用循环方法编写控制 P1、P2、P3 三个接口控制的 32 个指示灯形成至少 4 种花样灯效果。

7-3　用 while 语句编写三重循环程序。

7-4　用 for 循环编写三重循环程序。

7-5　用 do while 语句编写三重循环程序。

第8章
中断控制、定时／计数器 ▶▶▶▶

中断和定时系统是单片机的重要组成部分,同时也是单片机和用户沟通的窗口。单片机可以通过设定定时器来完成实时控制,还可以通过设定中断来优先完成要完成的任务等。本章介绍了中断系统的概念、中断控制、中断响应、中断返回以及定时的结构、初值的设定及工作方式等。

▶ 8.1 MCS-51 单片机中断系统

计算机在程序运行过程中,突然由于内、外部某种原因要终止当前进程,而转去执行服务程序。有两种方式知道是否需要去处理服务程序:查询方式和中断方式。

8.1.1 中断系统概述

1. 中断的概念

中断是指计算机暂时停止当前进程,去执行外部设备服务(执行中断服务程序),并在服务完成后自动返回原程序执行的过程。中断由中断源产生,中断源在需要时可以向 CPU 提出"中断请求"。"中断请求"通常是一种电信号,CPU 一旦对这个电信号进行检测和响应,便可自动转入该中断源的中断服务程序执行,并在执行完成后自动返回原程序继续执行。中断源不同,对应的中断服务程序的功能也不同。因此,中断又可以定义为 CPU 自动执行中断服务程序,并返回执行原程序的过程。

采用中断传输方式,可克服查询传输方式占用 CPU 时间的缺陷:当 CPU 需要向外设输出数据时,将启动命令写入外设控制口后,继续执行主程序,不用查询等待;当外设处于空闲状态,可以接收数据时,由外设向 CPU 发出允许数据传送的中断请求信号,如果满足中断响应条件,CPU 将暂停执行随后的程序,转去执行预先安排好的数据传送子程序(也称中断服务程序),CPU 响应外设中断请求信号的过程简称为中断响应;在完成了数据传送后,再返回断点处继续执行被中断的程序。可见,在这种方式中,CPU 发出控制命令后,依然执行启动命令后的指令序列,而不是通过检测外设的状态来确定外设是否处于空闲状态,不仅 CPU 利用率提高,而且能同时与多个外设进行数据交换——只要适当安排多个中断优先级以及同优先级中断的查询顺序即可。因此,中断传输方式是,CPU 与外设之间最常见的一种数据传输方式。

2. 单片机采用中断系统的优点

使用中断系统可以极大地提高 CPU 的工作效率。

1)具有中断功能的 CPU 可以通过分时操作多个外设同时工作,并对它们进行统一管理。CPU 执行主程序中的相关指令,可以令各外设和它并行工作,并且任何一个外设在工作完成后(例如,打印机完成一个打印任务)都可以通过中断得到满意服务。(给打印机发送第二个打印任务)CPU 在和外设交换信息时,通过中断就可以避免不必要的等待和查询,从而大大提高了它的工作效率。

2)在实时控制系统中,被控系统的实时参量、越限数据和故障信息都必须被计算机及时采集、处理和分析,以便对系统实施正确的调节和控制。因此,计算机对实时数据的处理时效常常是被控系统的生命,是影响产品质量和系统安全的关键。CPU 有了中断功能,系统失常和故障都可以通过中断立刻通知 CPU,使它可以迅速采集实时数据和故障信息,并对系统作出应急处理。

8.1.2 MCS-51 系列单片机中断系统的结构

1. MCS-51 系列单片机中断系统的结构如下:

1)5 个中断源(INT0、INT1、T0、T1、串行通信)。

2)2 个中断优先级,可以实现两级中断嵌套。

3)每个中断源的优先级可以通过程序设定。

与中断系统相关的特殊功能寄存器有:定时/计数器控制寄存器 TCON、串行口控制寄存器 SCON、中断允许控制寄存器 IE 以及中断优先级控制寄存器 IP。通过这些寄存器实现中断请求标志、中断的允许控制、中断优先级的选择等。MCS-51 系列单片机中断系统的结构示意图,如图 8-1 所示。

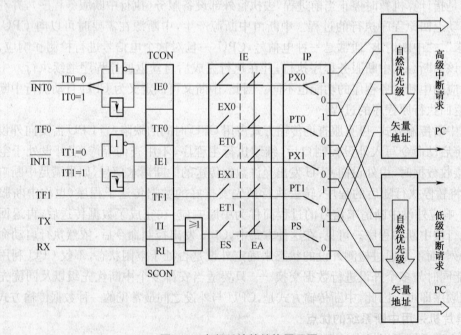

图 8-1 中断系统的结构原理图

8.1.3　与中断优先级

1. 中断源

中断源是指能发出中断请求的各种来源,如外设、现场信息、故障、定时用的时钟等。MCS-51 系列单片机具有多个中断源,以 80C51 为例,共有 5 个中断源,分别是 2 个外部中断、2 个定时中断和 1 个串行接口中断。

外部中断 0:由引脚 P3.2 的第二功能提供,该引脚为外部中断 0 的请求输入端。

外部中断 1:由引脚 P3.3 的第二功能提供,该引脚为外部中断 1 的请求输入端。

T0 溢出中断:由片内定时/计数器 0 提供。

T1 溢出中断:由片内定时/计数器 1 提供。

串行口中断:由片内串口提供。

2. 中断优先级

既然中断是计算机系统中 CPU 与外设进行数据交换的主要方式,那么多个外设以中断方式与 CPU 进行数据交换时,可能会遇到两个或两个以上外设中断请求同时有效的情形。在这种情况下,51 系列单片机可以进行两级中断,先执行优先级高的中断申请。

8.1.4　中断控制寄存器

1. 定时器控制寄存器 TCON

TCON 为定时器 T0 和 T1 的控制寄存器,同时,也锁存 T0 和 T1 的溢出中断源和外部中断源等。各位的格式如表 8-1 所示。

表 8-1　定时器控制寄存器 TCON

	D7	D6	D5	D4	D3	2	D1	D0
位符号	TF1	TR1	TF0	TR0	IE1	IT1	IE0	IT0
位地址	8FH	8EH	8DH	8CH	8BH	8AH	89H	88H

1)TF1:定时器 T1 的溢出中断标志。T1 被允许计数以后,从初值开始加 1 计数,直至计满溢出时,由硬件置 TF1=1,向 CPU 请求中断。此标志一直保持到 CPU 响应中断后,才由硬件自动清零。也可以用软件查询该标志,由软件清零。

2)TF0:定时器 T0 的溢出中断标志。其功能、置 1 和清零与 TF1 类似。

3)TR1(TR0):定时器 T1/T0 的运行控制位,由软件置位和复位,用来启动/关闭定时器。

4)IE1:外部中断 1 请求标志。IE1=1 时,外部中断 1 向 CPU 请求中断,当 CPU 响应中断时,由硬件自动清零(边沿触发方式)。如果是电平触发方式,则在 CPU 执行完中断服务程序之前,由外部中断源撤消有效电平,使 IE1 清零。

5)IE0:外部中断 0 请求标志。其功能与 IE1 类似。

6)IT1:外部中断 1 触发方式控制位。当 IT1=0 时,外部中断 1 控制为电平触发方式。在这种方式下,CPU 在每个机器周期的 S5P2 期间采样 INT1 的输入电平,当检测为低电平时,则认为有中断申请,随即使 IE1 标志置 1;当检测为高电平时,则认为无中断申请或中断请求已撤消。否则,将产生另一次中断。当 IT1＝1 时,外部中断 1 控制为边沿触发方式。在这种方式下,CPU 在每个机器周期的 S5P2 期间采样 INT1 的输入电平,如果相继两次采样中,一个周期内采样到 INT1 为高电平,接着下一个周期内采样到 INT1 为低电平,则使 IE1 标志置 1。此时表示外部中断 1 正在向 CPU 申请中断,IE1 标志一直保持到 CPU 响应为止,才由硬件自动清零。因为每个机器周期内采样一次为外部中断输入电平,所以采用边沿触发方式时,为保证CPU 在两个机器周期内检测到中断请求信号由高到低的负跳变,外部中断输入的高电平和低电平时间必须保持在 12 个振荡周期以上。

7)IT0:外部中断 0 触发方式控制位。其功能与 IT1 类似。

2. 串行控制寄存器 SCON

串行控制寄存器 SCON. 是 MCS-51 系列单片机串口的一个特殊功能寄存器,用于控制串口的工作方式。它在片内 RAM 中的地址为 98H,该寄存器可以按位进行寻址,它的各个位的地址范围为 9FH ～98H。SCON 的低二位是串行口的发送和接收中断标志,其格式见表 8-2。

表 8-2　串行控制寄存器 SCON

SCON	D	D	D	D	D	D	D	D
							H	RI
位地址								

1) TI:串行口的发送中断标志。当发送完一帧串行数据后,由硬件置 1,再转向中断服务程序后,用软件清零。在串行口以方式 0 发送时,每当发送完 8 位数据,由硬件置位。如果以方式 1、方式 2 或方式 3 发送,在发送停止位的开始时 TI 被置 1,TI＝1 表示串行发送器正向 CPU 发出中断请求,向串行口的数据缓冲器 SBUF 写入一个数据后,就立即启动发送器继续发送。但是 ,CPU 响应中断请求后,转向执行中断服务程序时,并不清零 TI, TI 必须由用户的中断服务程序清零,即中断服务程序必须由" CLRTI"或" A. NL SCON. ,＃0FDH"等指令来清零。

2)RI:串行口接收中断标志。当接收完一帧串行数据后,由硬件置 1,转向中断服务程序后,用软件清零。若串行口接收器允许接收,并以方式 0 工作,每当接收到 8 位数据时,RI 被置 1。若以方式 1,2,3 方式工作,当接收到半个停止位时,TI 被置 1。当串行口以方式 2 或方式 3 工作,且当 SM2＝1 时,仅当接收到第 9 位数据 RB8 为 1 后,同时还要在接收到半个停止位时,RI 被置 1。RI 为 1 表示串行口接收器正向 CPU 申请中断。同样 RI 标志必须由用户的软件清零。

3. 中断优先级控制寄存器 IE

用于控制单片机总的中断和各个中断源的中断。该寄存器在单片机内部专用寄存器 SFR 中,物理地址为 A8H。同时,这也是可以按位寻址的寄存器之一。各位定义见表 8-3。

表 8-3　中断优先级控制寄存器 IE

（MSB）　　　　　　　　　　　　　　　　　　　　　　　　　　　　　　　（LSB）

EA	×	×	ES	ET1	EX1	ET0	EX0

1)EA:总允许位。若 EA＝0,禁止一切中断;若 EA＝1,则每个中断是否允许还要取决于各自的允许位。

2）ES：串行口中断允许位。若 ES＝0，禁止中断；若 ES＝1，允许中断。

3）ET1：定时器 1 中断允许位。若 ET1＝0，禁止中断；若 ET1＝1，允许中断。

4）EX1：外部中断 INT1 中断允许位。若 EX1＝0，禁止中断；若 EX1＝1，允许中断。

5）ET0：定时器 0 中断允许位。若 ET1＝0，禁止中断；若 ET1＝1，允许中断。

6）EX0：外部中断 INT0 中断允许位。若 EX0＝0，禁止中断；若 EX0＝1，允许中断。

由于 IE 寄存器具有按位寻址功能，因此可通过位操作指令，允许或禁止其中的任一中断，如：

EA＝1 ；开中断

EX0＝1；开放外部中断 INT0

ES＝0 ；禁止串行口中断

例如：当 TCON 的 IT0 位为 0 时，只要在 S5P2 相采样到 P3.2 引脚为低电平，则中断请求标志 IE0 就为 1；但当 EX0 或 EA 之一为 0 时，CPU 将不检查 IE0 的中断请求标志（即该中断请求被 CPU 忽略）。

4. 中断优先级寄存器 IP

用来确定每个中断源的优先级别。该寄存器在 SFR 中的地址是 B8H，各位定义见表 8-4。

表 8-4　中断优先级寄存器 IP

(MSB)　　　　　　　　　　　　　　　　　　　　　　(LSB)

×	×	×	PS	PT1	PX1	PT0	PX0

1）PS：串行口中断优先级设定位。若 PS＝1，高优先级；PS＝0，低优先级。

2）ET1：定时器 1 中断优先级设定位。若 ET1＝1，高优先级；ET1＝0，低优先级。

3）EX1：外部中断 1 中断优先级设定位。若 EX1＝1，高优先级；EX1＝0，低优先级。

4）ET0：定时器 0 中断优先级设定位。若 ET0＝1，高优先级；ET0＝0，低优先级。

5）EX0：外部中断 0 中断优先级设定位。若 EX0＝1，高优先级；EX0＝0，低优先级。

以上各位都为 0 时，各中断都为低优先级；都为 1 时，各中断都为高优先级。中断优先级是为中断嵌套服务的。

5. 8051 单片机中断优先级的控制原则

1）低优先级中断请求不能打断高优先级的中断服务；反之，则可以实现中断嵌套。

2）如果一个中断请求已被响应，则同级的其他中断响应被禁止。

3）如果同级的多个中断请求同时出现，按 CPU 查询次序确定哪个中断请求被响应。

从高到低依次为，外部中断 0→ 定时中断 0→ 外部中断 1→ 定时中断 1→ 串行中断。

中断源　　　　　　同级自然优先级

外部中断 0

定时器 T0 中断　　　　最高级

外部中断 1　　　　　　↓

定时器 T1 中断　　　　最低级

串行口中断

8.1.5 中断响应条件

MCS-51 中断响应条件为：

1)当前不处于同级或更高级中断响应中。这是为了防止同级或低级中断请求中断，同级或更高级中断。

2)当前机器周期必须是当前指令的最后一个机器周期，否则等待。执行某些指令需要两个或两个以上机器周期，如果当前机器周期不是指令的最后一个机器周期，则不响应中断请求，即不允许中断一条指令的执行过程，这是为了保证指令执行过程的完整性。

3)如果当前指令是中断返回指令 RETI 或读写中断控制寄存器 IE、优先级寄存器 IP，则必须再执行一条指令后，才能响应中断请求。

如果不满足以上条件，将忽略该机器周期对中断标志的查询结果，下一机器周期继续查询，因此，可能存在这样一种情况：某一中断发生了，不满足响应条件，CPU 不响应，又出了新的中断请求，则尚未响应的中断请求将被忽略。因为每一中断源只有一个中断标志位，而 CPU 总是在每个机器周期的 S5P2 相检测中断源，设置中断标志。

8.1.6 中断处理

中断响应后，就由软件(中断处理程序)进行相应处理。中断处理过程大致分为 4 个阶段：保存被中断程序的现场、分析中断原因、转入相应处理程序进行处理、恢复被中断程序现场(即中断返回)。

1. 保护现场

保存被中断程序现场的目的是为了在中断处理完之后，可以返回到原来被中断的地方，中断响应时硬件已经保存了 PC 和 PSW 的内容，但是还有一些状态环境信息需要保存起来。如果不做保存处理，那么即使以后能按断点地址返回到被中断程序，但由于环境被破坏，原程序也无法正确运行。中断响应时硬件处理时间很短，所以保存现场工作可由软件来协助硬件完成，并且在进入中断处理程序时就立即保存现场。常用方式是集中式保存，在内存的系统区中设置一个中断现场保存栈，所有中断的现场信息都统一保存在这个栈中，进栈和退栈操作由系统严格按照后进先出原则实施。

2. 分析中断来源

对中断处理的主要工作是根据中断源确定中断来源，然后转入相应处理程序去执行。首先，应确定中断源或者查证中断发生，识别中断的类型和中断的设备号。系统接到中断后，检索中断向量表，根据中断向量表找到中断服务程序的入口地址。

3. 处理中断

调用中断处理程序，对中断进行处理。如果满足中断响应条件，将进入中断响应过程。

1)CPU 先将对应中断的优先级触发器置 1。

2)将程序计数器 PC 当前值压入堆栈，以保证执行完中断服务程序后正确返回；将相应中断源入口地址装入 PC，以便执行中断服务程序。这一过程由硬件完成，相当于执行了一条长调用指令"LCALL XXXX"。

中断服务程序入口地址如下：

中断源　　　　　　　　　　　　　入口地址（即 LCALL 指令的 XXXX 地址）

外中断 0　　　　　　　　　　　　0003H

定时/计数器 T0 溢出中断　　　　000BH

外中断 1　　　　　　　　　　　　0013H

定时/计数器 T1 溢出中断　　　　001BH

串行口中断　　　　　　　　　　0023H

各中断服务程序入口地址仅相隔 8 个字节，难以容纳中断服务程序，为此可在入口处放置一条长跳转指令，而实际的中断服务程序放在存储器区内的任意位置（一般放在主程序后）。

3）清除中断请求标志。进入中断服务程序后，CPU 能自动清除下列中断请求标志位：

定时器 T0 中断请求标志 TF0；

定时器 T1 中断请求标志 TF1；

边沿触发方式下外中断的中断请求标志 IE0；

边沿触发方式下外中断的中断请求标志 IE1。

不自动清除串行发送结束中断标志 TI、串行接收有效中断标志 RI、电平触发方式下的外中断标志 IE0 和 IE1。对于不能自动清除的中断请求标志，需要在中断服务程序中，用"CLR 位地址"指令清除。

4. 中断返回

中断返回是指中断服务完成后，PC 返回到断点，继续执行原来的主程序。中断处理程序的最后一条指令是中断返回指令 RETI，该指令的功能是把断点地址取出，送回到程序计数器 PC 中去。MCS-51 的 RETI 指令除了弹出断点之外，还通知中断系统已完成中断处理，将清除优先改状态寄存器。

注意：CPU 响应某中断请求后，在中断返回前，该中断申请应该撤消，否则会引起另一次中断。

8.1.7　中断请求的撤除

CPU 一旦响应中断，进入中断服务程序后，应当将该中断请求撤除，否则该信号还会引起重复的中断。撤除中断的方法就是将对应的中断标志位清零。在 MCS-51 系统中，清除标志有两种方法：一种是靠硬件自动清除；另一种是必须人为地用软件（指令）来清除。具体见表 8-5（如果采用"查询"方式编程时，所有标志都应软件清零）。

使用一个 D 型触发器，在外部信号的激励下，使触发器的 Q 端为"0"电平，该电平作为外中断的申请信号。当 CPU 响应该中断并进入到服务程序中时，利用 P0 口的一条线输出一个将 D 型触发器置 1 的信号，如图 8-2 所示。

该电路还可以解决外中断信号有效宽度过窄的问题。

表 8-5　MCS-51 中断标志的撤除方法

中断源	中断标志	清除方式（CPU 响应中断后）
定时器 0	TF0(TCON.5)	硬件自动清除
定时器 1	TF1(TCON.7)	硬件自动清除
INT0（边沿触发）	IE0(TCON.1)	硬件自动清除
INT1（边沿触发）	IE1(TCON.3)	硬件自动清除
INT0（电平触发）	IE0(TCON.1)	外加电平控制、软件清除
INT1（电平触发）	IE1(TCON.3)	外加电平控制、软件清除
串行口 SBUF	TI(SCON.1)	用软件清除标志
	RI(SCON.0)	用软件清除标志

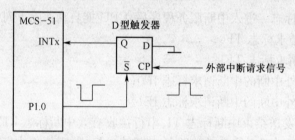

图 8-2　电平触发时撤除中断请求方案

8.1.8　中断系统应用

【实例 71】　中断系统应用实例

中断系统应用实例电路，如图 8-3 所示，每按一次按键观测小灯的变化。

```c
#include<reg51.h>
#define uint unsigned int
#define uchar unsigned char
Uchar temp;
void main()
{
    IE = 0x81;
    ITO = 1;
    EX0 = 1;
    EA = 1;
    Temp = 0x01;
    While(1);
}
/* 中断服务子程序 */
```

```
Void wint() interrupt 0 using 0
{
    P1 = temp;
    Temp = temp<<1;
}
```

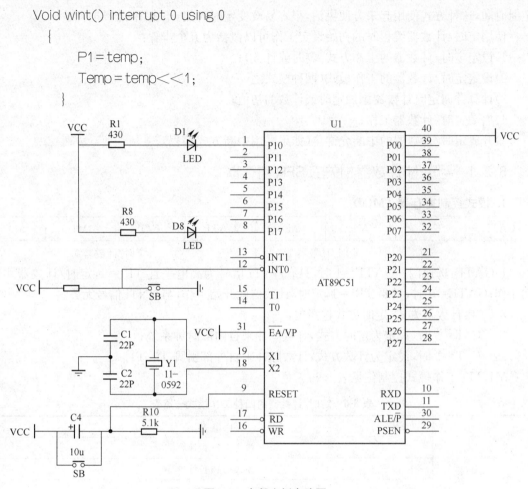

图 8-3　中断实例电路图

8.2　MCS-51 单片机定时/计数器

定时/计数器是单片机内部的重要部分。它可以完成对外部引脚上输入信号的"捕捉(频率检测)"、对外输出某一频率的方波(也称"输出比较")、控制电机转速的 PWM(脉宽调制)等。

在 MCS-51 单片机内部具有两个完全相同的定时/计数器 T0、T1,用以实现系统的"定时"、"计数"功能。在单片机程序设计中常常使用软件循环的方式产生所要求的"延时"或"定时",如前面程序中的 DELAY 延时子程序,但是软件延时存在一定的弊端。

软件延时和定时器延时存在着一定的区别:

软件延时:占用 CPU 的资源。CPU 靠消耗延时子程序中的指令运行时间来完成延时需要,这就意味着 CPU 此时不能去做其它任何的事情,降低了 CPU 的工作效率。

硬件定时/计数器:记录内部/外部的时钟个数,计数满时可以根据记录脉冲的个数计算出定时时间,这种方式使用起来方便灵活,很容易改变定时时间,不占用 CPU 时间。

使用定时/计数器编程时的初始设定工作可以概括为五个步骤:

1)设定定时/计数器的工作方式(定时或计数);

2)设定定时/计数器的工作模式(四种模式之一);

3)计算并向定时计数器添加定时或计数的初值;

4)启动定时/计数器工作;

5)开放定时/计数器的中断允许位(如果采用中断方式编程)。

8.2.1 与定时/计数器相关的 SFR 寄存器

1. 模式控制寄存器 TMOD

GATE	C/T	M1	M0	GATE	C/T	M1	M0

定时/计数器 1　　　　　　　　　　定时/计数器 0

1)GATE:选通门。GATE=1 时,只有/INTi 信号为高电平且 TRi=1,定时/计数器才开始工作;GATE=0 时,只要 TRi=1,定时/计数器就开始工作,与/INTi 信号无关。

2)C/T:计数器方式、定时方式选择位:

　　C/T=0 时,设定为定时方式,计数脉冲来自内部时钟系统;

　　C/T=1 时,设定为计数方式,计数脉冲来自外部引脚 T0、T1。

M1,M0 工作模式控制位见表 8-6。

表 8-6　定时/计数器的四种工作模式一览表

M1 M0	工 作 模 式
0　0	模式 0,13 位计数器
0　1	模式 1,16 位计数器
1　0	模式 2,8 位自动重装模式
1　1	对于定时器 0 分为两个 8 位计数器,对于定时器 1 停止控制。

2. 控制寄存器 TCON

TF1	TR1	TF0	TR0	IE1	IT1	IE0	IT0

1)TF1:定时器 T1 溢出标志。当定时/计数器 T1 产生溢出时,该位由硬件置 1,并申请中断(中断开放时),进入中断服务程序后由硬件自动清零。如果使用软件查询标志时,应当在标志有效(TF=1)后使用软件清除标志。

2)TR1:定时器 T1 的运行控制位,由软件置 1 和清零。置 1 时,定时/计数器开始工作;清零时停止工作。

3)IE1:外中断/INT1 标志位。当检测到/INT1 脚上的电平由高电平变为低电平时,该位置位请求中断。进入中断服务程序后,该位自动清除。

4)IT1:外中断/INT1 触发类型控制位。

　　IT1=1 时:为下降沿触发中断;

IT1＝0 时：是低电平触发。

其中，TF0、TR0、IE0 和 IT0(定时器 T0、外部中断/INT0 标志、控制位)同上。

8.2.2 MCS-51 定时/计数器的电路结构与工作模式

T0 或 T1 无论用作定时器还是计数器都有 4 种工作方式：方式 0、方式 1、方式 2 和方式 3。除方式 3 外，T0 和 T1 有完全相同的工作状态。下面分别介绍这 4 种工作方式。

1. 方式 0(13 位定时/计数器)

当 M1M0＝00 时，定时/计数器设定为工作方式 0，其逻辑结构如图 8-4 所示。在此工作方式下，定时/计数器构成一个 13 位的定时/计数器，由 THx (x 为 0 或 1，后面类似)的 8 位和 TLx 的低 5 位组成；TLx 的高 3 位未用，满计数值为 2。定时/计数器启动后立即加 1 计数，当 TLx 的低 5 位计数溢出时，向 THx 进位，THx 计数溢出，则对相应的溢出标志位 TFx 置位，以此作为定时器溢出中断标志。当单片机进入中断服务程序时，由内部硬件自动清除该标志。

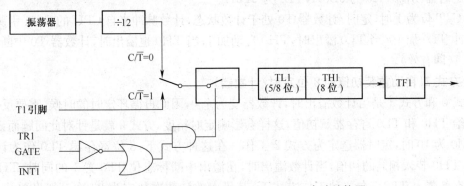

图 8-4 模式 0(13 位)、模式 1(16 位)T1 电路结构图

1) C/T：计数器输入脉冲选择开关。

2)寄存器初值：该参数决定着定时或计数的周期。

3)TR、GATE、INT1 控制定时/计数器的启动。

4)GATE＝0 时，TR1＝1 开始定时/计数；TR1＝0 时，计数器 T1 停止计数。

5)GATE＝1(门控方式)、TR＝1 且 INT1＝1 时，开始工作。此种方式主要用于测量加在 INT1 脚上一个正脉冲的脉宽。

6) TF＝1：定时或计数时间到，可以采用查询或中断方式处理。

2. 方式 1(16 位定时/计数器)

当 C/T 位为 0 时，定时/计数器 T0 处于定时状态，计数脉冲是系统时钟信号的 n 分频器，即每隔 n/f_{osc} 秒，TL0 加 1。当 TL0 溢出(如果 TL0 当前值为 FFH，则再来一个脉冲，TL0 将溢出，变为 00)时，TH0 自动加 1；当 TH0 也溢出时，定时器 T0 中断标志位 TF0 置 1。如果定时器 T0 溢出且中断开关 ET0 为 1(即允许 T0 中断)时，将向 CPU 发出定时器溢出中断请求(CPU 能否响应，取决于中断响应条件)。

如果定时器初值为 M，则方式 1 的定时时间 t 为：

$$t = (2^{16} - M) \times \frac{12}{f_{\text{OSC}}} \quad (\text{"12 时钟/机器周期"模式})$$

在定时时间 T 确定的情况下,定时器初值 M 可表示为:

$$M = 2^{16} - \frac{f_{\text{OSC}}}{12} \times T \quad (\text{"12 时钟/机器周期"模式})$$

在上式中,如果 f_{OSC} 单位取 MHz,则定时时间 T 的单位是 μs。

【实例72】 计算定时器初值实例

假设晶振频率为 12MHz,所需定时时间为 10ms,计算"12 时钟/机器周期"模式下定时器初值 M。

将定时时间 10ms(即 10000μs)、晶振频率 12MHz 代入公式,可得初值:

$$M = 2^{16} - \frac{12}{12} \times 10000 = 65536 - 10000 = 55536 = 0D8F0H$$

即定时器初值 TH0 为 0D8H,TL0 为 0F0H。

当 C/T 位为 1 时,定时/计数器 T0 处于计数状态,计数脉冲来自 CPU 的 P3.4 引脚,每来一个脉冲 TL0 加 1。当 TL0 溢出时,TH0 自动加 1;当 TH0 也溢出时,计数器 T0 中断标志位 TF0 置 1(即有效)。

3. 方式2(自动重装初值的 8 位定时/计数器)

方式 0 和方式 1 是当计数溢出时,计数器变为全 0,因此再循环定时的时候,需要反复重新用软件给 TH0 和 TL0 寄存器赋初值,这样会影响定时精度,方式 2 就是针对此问题而设置的。当 M1M0 为 10 时,定时器选定为方式 2 工作。在这种方式下,8 位寄存器 TL0 作为计数器,TL0 和 TH0 装入相同的初值,当计数溢出时,在溢出中断标志位 TF0 置 1 的同时,TH0 的初值自动重新装入 TL0。在这种工作方式下,其最大的计数次数应为 28 次。如果单片机采用 6MHz 晶振频率,则该定时器的最大定时时间为 29μs。工作方式 2 的逻辑结构图如图 8-5 所示。

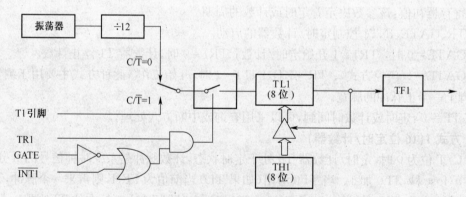

图 8-5　模式2(T1)8 位自动重装电路结构图

由于方式 2 的计数长度为 8 位,因此定时时间 T 与初值 M 之间关系为:

$$M = 2^8 - \frac{f_{\text{OSC}}}{12} \times T \quad (\text{"12 时钟/机器周期"模式})$$

$$M=2^8-\frac{f_{OSC}}{6}\times T \quad (\text{"6 时钟/机器周期"模式})$$

显然,当晶振频率 f_{OSC} 为 12MHz 时,"12 时钟/机器周期"模式下方式 2 的最长定时时间为:

$$t_{max}=(2^8-0)\times\frac{12}{12MHz}=256\mu s$$

4. 方式 3(波特率发生器)

当 M1M0 为 11 时,定时器选定为方式 3 工作。方式 3 只适用于定时/计数器 T0,定时/计数器 T1 不能工作在方式 3。定时/计数器 T0 分为两个独立的 8 位计数器:TL0 和 TH0,其逻辑结构如图 8-6 所示。TL0 使用 T0 的状态控制位 C/T、GATE、TR0 及 INT0,而 TH0 则被固定为一个 8 位定时器(不能作外部计数方式),并使用定时器 T1 的状态控制位 TR1 和 TF1,同时占用定时器 T1 的中断源。一般情况下,当定时器 T1 用作串行口的波特率发生器时,定时/计数器 T0 才工作在方式 3。当定时器 T0 处于工作方式 3 时,定时/计数器 T1 可定为方式 0、方式 1 和方式 2,作为串行口的波特率发生器或不需要中断的场合。

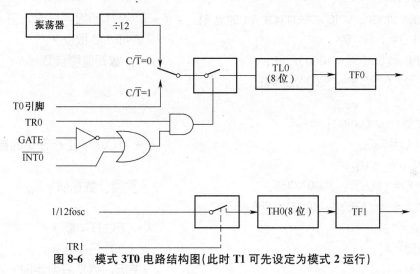

图 8-6 模式 3T0 电路结构图(此时 T1 可先设定为模式 2 运行)

8.2.3 定时/计数器应用

【实例 73】 定时/计数器查询方式实例

设单片机的 f_{osc}=12MHz,要求在 P1.0 脚上输出周期为 2ms 的方波。

编程说明:周期为 2ms 的方波要求定时间隔 1ms,每次时间到时,P1.0 取反。定时器计数率=f_{osc}/12。机器周期=12/f_{osc}=1μs,每个机器周期定时器计数加 1,1ms=1000μs。需计数次数=1000/(12/f_{osc})=1000/1=1000,由于计数器向上计数,为得到 1 000 个计数之后的定时器溢出,必须给定时器置初值为 65 536~1000。

```
#include<reg51.h>
sbit P1_0=P1^0;
```

```
void main(void) {
    TMOD = 0 = x0 = 1;                          /* 定时器 0 方式 1 */
    TR0 = 1;                                     /* 启动 T/C0 */
    for( ;;) {
    TH0 = (65 5361—1000)/256;                    /* 装载计数初值 */
    TL0 = (65 536—1000)%256:
    do{}while(! TF0);                            /* 查询等待 TF0 置位 */
    P1_0 = = ! P1_0;                             /* 定时时间到 P1.0 反相 */
    TF0 = 0;                                     /* 软件清 TF0 */
    }
    }
```

【实例 74】 定时/计数器中断方式实例

```
#include<reg51. h>
sbit pl_0 = PI_0;
void timer0(void)interrupt 1 using 1{          /* T/C0 中断服务程序入口 */
P1_0 = ! P1_0;                                  /* P1.0 取反 */
TH0 = (65 536~1000)/256;                        /* 计数初值重装载 */
TL0 = (65 536~1000)%256;
}
void main(void){
TMOD = 0x0l;                                    /* T/C0/12 工作在定时器方式 1 */
P1_0 = = 0;
THO = (65536~1000)/256;                         /* 预置计数初值 */
TL0 = = (65536~1000)%256;
EA = 1;                                         /* CPU 开中断 */
ET0 = 1;                                        /* T/C0 开中断 */
TR0 = l;                                        /* 启动 T/C0 开始定时 */
do {}while(1);
}
```

【实例 75】 定时器应用实例

要求：编制一个程序，使用单片机内部的定时器 T1，通过 P1.0 口控制一个发光二极管，每一秒改变一次亮或灭的状态。

编程说明：假设晶振频率为 12MHz，要求定时时间为 1S(即 1000mS)，选定时器 T1 为"定时工作方式 1(16 位计数方式)"。设定时时间为 50mS。在程序中采用循环 20 次来达到定时 1S，即 50mS×20＝1000mS(电路如图 8-7 所示)。

【采用 C 语言编制的参考程序】

```
#include "reg51. h"
```

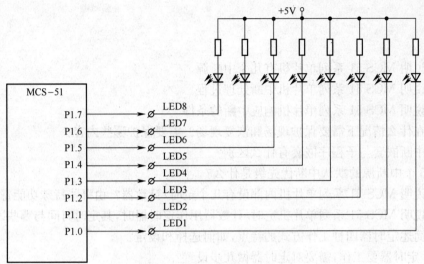

图 8-7　定时器应用实例电路图

```
unsigned char i = 0, j = 0, k = 0;
main()
{

    TMOD = 0x01;
    TL0  = 0xfc;
    TH0  = 0x4b;
    TR0 = 1;
    EA = 1;
    ET0 = 1;
    while(1);
}


void timer0() interrupt 1 using 0
{     TL0  = 0xfc;
      TH0  = 0x4b;
      j + = 1;
    if(j = = 20)
      {j = 0;
      k = ~k;
      P1 = k;
    }


}
```

习题

8-1　说明 MCS-51 系列单片机有几个中断源。

8-2　说明 MCS-51 系列单片机中断处理过程。

8-3　说明 MCS-51 系列单片机响应中断的条件。

8-4　在什么情况下需要保护现场和恢复现场？需要保护哪些内容？

8-5　中断嵌套与子程序嵌套有什么区别？

8-6　5 个中断源的默认中断优先级是什么？

8-7　说明 MCS-51 系列单片机内部设有几个定时/计数器？由哪些特殊功能寄存器组成？

8-8　说明 MCS-51 系列单片机定时/计数器用作定时器时，其定时时间与哪些因素有关？

8-9　简述定时器四种工作方式的特点，如何选择和设定？

8-10　定时器要工作，需要对定时器做几步设置？

8-11　当定时器 T0 用作模式 3 时，由于 TRl 位已被 T0 占用，如何控制定时器 T1 的开启？

8-12　当定时器 T1 用作模式 2、边沿触发时定时器的控制字如何写？

8-13　写下列定时器的控制字：

（1）INT0 为边沿触发方式；

（2）INT1 为电平触发方式；

（3）T0 运行；

（4）T1 停止运行。

8-14　写出中断允许控制寄存器 IE 结构，并解释其中各个位的含义。

8-15　根据下列已知条件，试求中断开关状态。

（1）IE＝22H；

（2）IE＝33H；

（3）IE＝44H。

8-16　80C51 定时/计数器在什么情况下是定时器？什么情况下是计数器？

8-17　如何查找中断服务出现的入口地址？

8-18　定时器定时时间较长时，如何实现？

8-19　解释 MCS-51 系列单片机定时器的 GATE 门的作用。

8-20　MCS-51 系列单片机定时器的定时时间最长为多少？

第 9 章
单片机串行通信系统

随着科技的不断发展,通信技术的应用越来越广。串行通信是指计算机之间或计算机与外设之间进行数据的串行传送方式。串行通信适用于长距离通信方式,串行通信的应用非常广泛。串行通信与通信制式、传送距离以及 I/O 数据的串并变换等许多因素有关。本章介绍串行通信的种类、通信方式及单片机串行通信的应用等。

9.1 单片机串行通信概述

9.1.1 串行通信的种类

串行通信分为同步通信和异步通信两类。同步通信是按照软件识别同步字符来实现数据的发送和接收的,异步通信是一种利用字符的再同步技术的通信方式。

1. 异步通信(Asynchronous Communication)

在异步通信中,数据通常是以字符(或字节)为单位组成字符帧传送的。字符帧由发送端到接收端一帧一帧地发送和接收,这两个时钟彼此独立,互不同步。通常,发送线为高电平(逻辑"1"),每当接收端检测到传输线上发送过来的低电平逻辑"0"(字符帧中起始位)时就知道发送端已开始发送;每当接收端接收到字符帧中停止位时,就知道一帧字符信息已发送完毕。在异步通信中,字符帧格式和波特率是两个重要指标,由用户根据实际情况选定。

(1) 字符帧(Character Frame)

字符帧也叫数据帧,由起始位、数据位、奇偶校验位和停止位四部分组成。

图 9-1(a)表示一个字符紧接一个字符传送的情况,上一个字符的停止位和下一个字符的起始位是紧邻的。

图 9-1(b)是两个字符间有空闲位的情况,空闲位为 1 时,线路处于等待状态。存在空闲位正是异步通信的特征之一。

各部分结构和功能:

1)起始位:位于字符帧开头,只占一位,始终为逻辑"0"低电平,用来向接收设备表示发送端开始发送一帧信息。

2)数据位:紧跟起始位之后,用户根据情况可取 5 位、6 位、7 位或 8 位,低位在前,高位在后。若所传数据为 ASCII 字符,则常取 7 位。

3)奇偶校验位:位于数据位后,仅占一位,用于表征串行通信中采用奇校验还是偶校验,由用户根据需要决定。

4)停止位:位于字符帧末尾,为逻辑"1"(高电平),通常可取 1 位、1.5 位或 2 位,用来向接

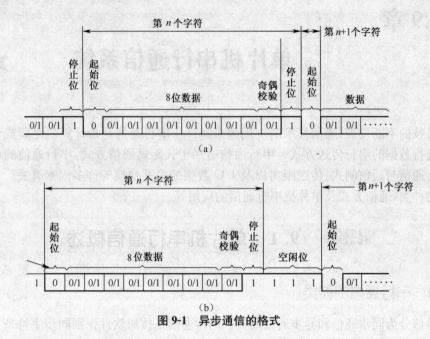

图 9-1　异步通信的格式

收端表示一帧字符信息已发送完毕,也为发送下一帧字符作准备。在串行通信中,发送端一帧一帧发送信息,接收端一帧一帧接收信息。两相邻字符帧之间可以无空闲位,也可以有若干空闲位,这由用户根据需要决定。当两相邻字符帧之间有空闲位时,空闲位必须是 1。

（2）波特率（baud rate）

波特率的定义为,每秒钟传送二进制数码的位数（亦称比特数）,单位是 bps（bit per second）,波特率是串行通信的重要指标,用于表征数据传输的速度。波特率越高,数据传输速度越快,也和字符帧格式有关。例如,波特率为 2400bps 的通信系统,若采用 9-1（a）的字符帧,则字符的实际传输速率为 2400/11＝218.2 帧/秒;若改用 9-1（b）字符帧,则字符的实际传输速率为 2400/14＝171.4 帧/秒。每位的传输时间定义为波特率的倒数。例如:波特率为 2400bps 的通信系统,其每位的传输时间应为:Td＝1/2400＝0.417ms,波特率还和信道的频带有关。波特率越高,信道的频带越宽,因此,波特率也是衡量通道频宽的重要指标。通常,异步通信的波特率在 50～9600bps 之间。波特率不同于发送时钟和接收时钟,常是时钟频率的 1/16 或者 1/64。异步通信的优点是,不需要传送同步脉冲,字符帧长度也不受限制,故所需设备简单;缺点是,字符中因包含有起始位和停止位,而降低了有效数据的传输速率。

2. 同步通信（Synchronous Communication）

同步通信是一种连续串行传送数据的通信方式,一次通信只传送一帧信息。信息帧和异步通信中的字符不同,通常含有若干个数据字符,其中,同步字符位于帧结构开头,用于确认数据字符的开始（接收端不断对传输线采样,并把采到的字符和双方约定的同步字符比较,只有比较成功后才会把后面接收到的字符加以存储）,如图 9-2 所示。图中,（a）为单同步字符帧结构,（b）为双同步字符帧结构。它们均由同步字符、数据字符和校验字符 CRC 三部分组成。数据字符在同步字符之后,个数不受限制,由所需传输的数据块长度决定;校验字符有 1～2 个,

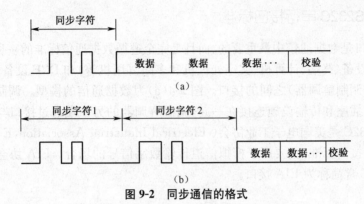

图 9-2　同步通信的格式
(a)单同步字符帧结构　(b)双同步学符帧结构

位于帧结构末尾,用于接收端对接收到的数据字符的正确性校验。在同步通信中,同步字符可以采用统一标准格式,也可由用户约定。同步通信的数据传输速率较高,通常可达 56000bps 或更高。同步通信的缺点是,要求发送时钟和接收时钟保持严格同步,故发送时钟除应和发送波特率保持一致外,还要求把它同时传送到接收端去。

9.1.2　串行通信的制式

在串行通信中,数据是在两个站之间传送的。按照数据传送方向,串行通信可分为单工和双工两种制式。其中,双工分为半双工和全双工两种方式。

1. 半双工(Half Duplex)制式

在半双工方式下,甲站和乙站之间只有一个通信回路,故数据要么由甲站发送为乙站接收,要么由乙站发送为甲站接收。因此,甲、乙两站之间只要一条信号线和一条地线,如图 9-3(a)所示。

2. 全双工(Full Duplex)制式

在全双工方式下,甲、乙两站间有两个独立的通信回路,两站都可以同时发送和接收数据。因此 . 全双工方式下的甲、乙两站之间至少需要三条传输线:一条用于发送,一条用于接收,一条用于信号地,如图 9-3(b)所示。

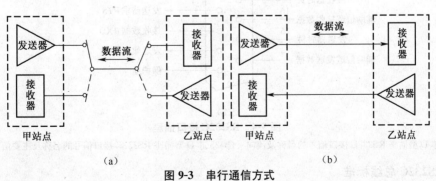

图 9-3　串行通信方式
(a)半双工传送　(b)全双工传送

9.1.3　RS232C 串行接口标准

RS232C 接口是数据通信中最重要的、而且是完全遵循数据通信标准的一种接口。它的作用是定义 DTE 设备(终端、计算机、文字处理机和多路复用机等)和 DCE 设备(将数字信号转换成模拟信号的调制解调器)之间的接口。图 9-4(a)为数据通信的模型。调制解调器(DCE)的一端通过标准插座和传输设施连接在一起,调制解调器的另一端通过接口与终端(DTE)连接在一起。RS232C 是美国电子工业协会(Electrical Industrial Association,E I A)于 1973 年提出的串行通信接口标准,主要用于模拟信道传输数字信号的场合。EIA 协会促进了标准化工作,故 RS323C 常简称为 EIA 接口。

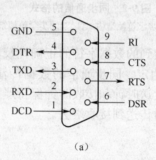

(a)

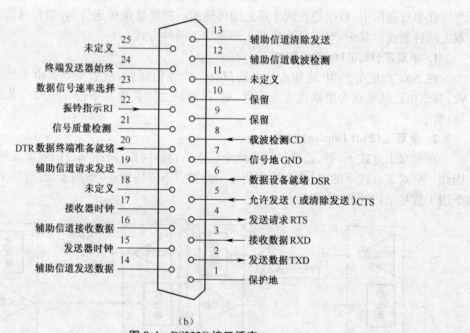

(b)

图 9-4　RS232C 接口插座

(a)9 芯 D 型插座 RS232C 接口信号的名称及流向　(b)25 芯 D 型插座 RS232C 接口信号的名称及主要信号流向

1. RS232C 总线标准

(1) 电气特性

1)采取不平衡传输方式,是为点对点(即只用一对收、发设备)通信而设计的;

2)采用负逻辑;

3)适用于传送距离不大于 15m,速度不高于 20kb/s 的本地设备之间通信的场合。

(2)机械特性

对于连接的插头、插座的尺寸、插脚数、引脚数、引脚分配、插脚和插孔的尺寸的规定等;

(3)电气信号特性

对信号的逻辑电平、最高数据率、发送和接收电路特性的规定;

(4)信号的功能描述

对各信号的名称、方向的型号关系的说明。

2. RS232C 串口通信接线方法

串口调试中较为常用的串口有 9 针串口(DB9)和 25 针串口(DB25),通信距离较近时(<12m),可以用电缆线直接连接标准 RS232 端口(RS422,RS485 较远);若距离较远,需附加调制解调器(MODEM)。最简单且常用的是三线制接法,即地、接收数据和发送数据三脚相连为基本的接法。

(1)DB9 和 DB25 的常用信号引脚

9 针串口(DB9);25 针串口(DB25)。

(2)RS232C 9 针串口(DB9)标准中主信道的重要信号含义

1)采取不平衡传输方式,是为点对点(即只用一对收、发设备)通信而设计的。

2)采用负逻辑。

3)适用于传送距离不大于 15m,速度不高于 20kb/s 的本地设备之间通信的场合。

4)数据载波检测 DCD。

5)接收数据 RXD。

6)发送数据 TXD:串行数据发送引脚,输出。

7)数据终端准备 DTR :数据终端(DTE)就绪信号,输出。用于 DTE 向 DCE 发联络。

8)当 DTR 有效时,表示 DTE 可以接收来自 DCE 的数据。

9)信号地 GND。

10)数据设备准备好 DSR。

11)请求发送 RTS:发送请求,输出。当 DTE 需要向 DCE 发送数据时,向接收方(DCE)输出 RTS 信号。

12)清除发送 CTS :发送允许或清除发送,输入。作为"清除发送"信号使用时,由 DCE 输出,当 CTS 有效时,DTE 将终止发送(如 DCE 忙或有重要数据要回送 DTE);作为"允许发送"信号使用时,情况刚好相反:当接收方接收到 RTS 信号后进入接收状态,就绪后向请求发送方回送 CTS 信号,发送方检测到 CTS 有效后,启动发送过程。

13)振铃指示 DELL。

9.1.4　MCS-51 串行通信口控制及初始化

MCS-51 单片机内部有一个全双工串行口,该串行口除了具有标准 MCS-51 串行功能外,还具有帧错和自动地址识别功能。该串行口具有四种工作方式,可用软件设置波特率。用户可以通过直接控制串行口寄存器,来设置通信方式。

串行口寄存器结构

MCS-51 内部有两个独立的接收、发送缓冲器 SBUF,SBUF 属于特殊功能寄存器。发送缓冲器只能写入不能读出,接收缓冲器只能读出不能写入,二者共用一个字节地址(99H)。串行口的结构,如图 9-5 所示。

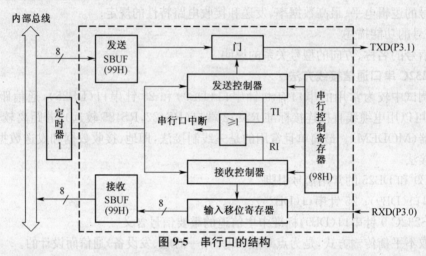

图 9-5　串行口的结构

发送数据时,是由一条写发送缓冲器的指令(MOV SBUF,A)把数据写入串行口的发送缓冲器 SBUF 中,然后从 TXD 端一位一位地向外部发送。同时,接收端 RXD 也可以一位一位地接收外部数据,当收到一个完整的数据后通知 CPU,再由一条指令(MOV A,SBUF)把接收缓冲器 SBUF 的数据读入累加器。与 MCS-51 串行口有关的特殊功能寄存器有 SBUF、SCON、PCON,下面分别对它们做详细讨论。

9.1.5　串行通信控制寄存器

1. 串行口数据缓冲器 SBUF

SBUF 是两个在物理上独立的接收、发送缓冲器,一个用于存放接收到的数据,另一个用于存放欲发送的数据,可同时发送和接收数据。两个缓冲器共用一个地址 99H,通过对 SBUF 的读、写指令来区别是对接收缓冲器还是发送缓冲器进行操作。CPU 在写 SBUF 时,就是修改发送缓冲器;读 SBUF,就是读接收缓冲器的内容。接收或发送数据,是通过串行口对外的两条独立收发信号线 RXD(P3.0)、TXD(P3.1)来实现的,因此,可以同时发送、接收数据,其工作方式为全双工制式。

2. 串行口控制寄存器 SCON

收发双方都有对 SCON 的编程,SCON 用来控制串行口的工作方式和状态,可以位寻址,字节地址为 98H。单片机复位时,所有位全为 0。SCON 的格式如表 9-1 所示。

1)SM0、SM1:串行方式选择位,其定义如表 9-2 所示。

2)SM2:多机通信控制位,用于方式 2 和方式 3 中。在方式 2 和方式 3 处于接收方式时,若

SM2＝1,且接收到的第 9 位数据 RB8 为 0 时,不激活 RI;若 SM2＝1,且 RB8＝1 时,则置 RI＝1。在方式 2、3 处于接收或发送方式时,若 SM2＝0,不论接收到的第 9 位 RB8 为 0 还是为 1,TI、RI 都以正常方式被激活。在方式 1 处于接收方式时,若 SM2＝1,则只有收到有效的停止位后,RI 才置 1。在方式 0 中,SM2 应为 0。

3)REN:允许串行接收位。它由软件置位或清零。REN＝1 时,允许接收;REN＝0 时,禁止接收。在实训 8 中,由于乙机用于接收数据,因此,使用位操作指令 SETB REN,允许乙机接收。

4)TB8:发送数据的第 9 位。在方式 2 和方式 3 中,由软件置位或复位,可做奇偶校验位。在多机通信中,可作为区别地址帧或数据帧的标识位,一般约定地址帧时,TB8 为 1;数据帧时,TB8 为 0。

5)RB8:接收数据的第 9 位。功能同 TB8。

6)TI:发送中断标志位。在方式 0 中,发送完 8 位数据后,由硬件置位;在其它方式中,在发送停止位之初,由硬件置位。因此,TI 是发送完一帧数据的标志,可以用指令 JBC TI,rel 来查询是否发送结束。实训中采用的就是这种方法。TI＝1 时,也可向 CPU 申请中断,响应中断后,必须由软件清除 TI。

7)RI:接收中断标志位。在方式 0 中,接收完 8 位数据后,由硬件置位;在其它方式中,在接收停止位的中间,由硬件置位。同 TI 一样,也可以通过 JBC RI,rel 来查询是否接收完一帧数据。RI＝1 时,也可申请中断,响应中断后,必须由软件清除 RI。

表 9-1　串行口控制寄存器 SCON

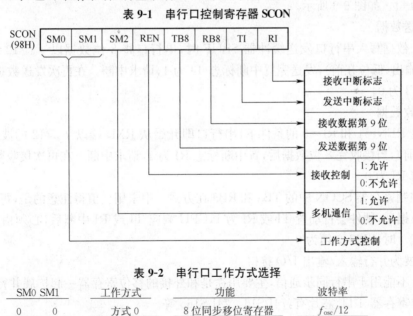

表 9-2　串行口工作方式选择

SM0 SM1	工作方式	功能	波特率
0　0	方式 0	8 位同步移位寄存器	$f_{osc}/12$
0　1	方式 1	10 位 UART	可变
1　0	方式 2	11 位 UART	$f_{osc}/64$ 或 $f_{osc}/32$
1　1	方式 3	11 位 UART	可变

3. 电源及波特率选择寄存器 PCON

PCON 主要是为 CHMOS 型单片机的电源控制而设置的专用寄存器,不可以位寻址,字节地址为 87H。在 HMOS 的 8051 单片机中,PCON 除了最高位以外,其它位都是虚设的。其格式如表 9-3 所示。

表 9-3　电源及波特率选择寄存器 PCON

	D7	D6	D5	D4	D3	D2	D1	D0
PCON	SMOD	—	—	—	GF1	GF0	PD	1DL

9.2　MCS-51 单片机串行通信工作方式

9.2.1　串行口的工作方式

MCS-51 有方式 0、方式 1、方式 2 和方式 3 等四种工作方式。

各种工作方式的特点:

1. 方式 0

在方式 0 下,串行口作同步移位寄存器用,其波特率固定为 fosc/12。串行数据从 RXD(P3.0)端输入或输出,同步移位脉冲由 TXD(P3.1)送出。发送或接收数据位为 8 位,低位在前高位在后。方式 0 的波特率固定为 $f_{osc}/12$,每一个机器周期传送一位数据。这种方式常用于扩展 I/O 口。如图 9-6 所示。

(1)发送数据

当一个数据写入串行口发送缓冲器 SBUF 时,串行口将 8 位数据以 $f_{osc}/12$ 的波特率从 RXD 引脚输出(低位在前),发送完置中断标志 TI 为 1,请求中断。在再次发送数据之前,必须由软件清 TI 为 0。

(2)接收数据

在满足 REN=1 和 RI=0 的条件下,串行口即开始从 RXD 端以 $f_{osc}/12$ 的波特率输入数据(低位在前),当接收完 8 位数据后,置中断标志 RI 为 1,请求中断。在再次接收数据之前,必须由软件清 RI 为 0。

串行控制寄存器 SCON 中的 TB8 和 RB8 在方式 0 中未用。值得注意的是,每当发送或接收完 8 位数据后,硬件会自动置 TI 或 RI 为 1,CPU 响应 TI 或 RI 中断后,必须由用户用软件清零。方式 0 时,SM2 必须为 0。

(3)扩展为并行输入/输出 I/O 接口

方式 0 不能用于串行同步通信,主要用途是和外接的移位寄存器一起扩展并行 I/O 接口。常用的移位寄存器 TTL 芯片有:74LS164、74LS165 等。

图 9-7 给出了串入并出芯片 74LS164 与 MCS-51 单片机的接线图。

图 9-8 给出了并入串出芯片 74LS165 与 MCS-51 单片机的接线图。

2. 方式 1

如果收发双方都是工作在方式 1 下,则串行口为波特率可调的 10 位通用异步接口 UART。发送或接收一帧信息,包括 1 位起始位 0、8 位数据位和 1 位停止位 1,如图 9-9 所示。

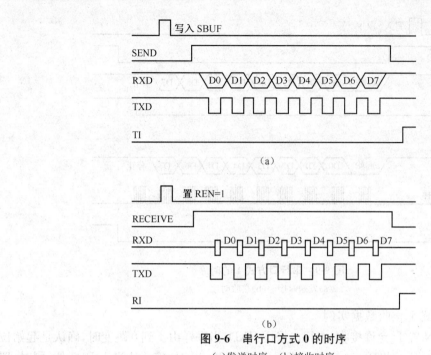

图 9-6　串行口方式 0 的时序

（a）发送时序　（b）接收时序

图 9-7　串行接口方式 0 用于扩展输出口

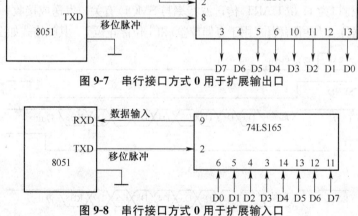

图 9-8　串行接口方式 0 用于扩展输入口

方式 1：波特率 $= \dfrac{2^{SMOD}}{32} \times$ 定时器 $T1$ 溢出率

【实例 76】　方式 1 发送数据实例

数据从 TXD 端输出，当数据写入发送缓冲器 SBUF 后，启动发送器发送。当发送完一帧数据后，置中断标志 TI 为 1。方式 1 所传送的波特率取决于定时器 1 的溢出率和 PCON 中的 SMOD 位，在方式 1 时，串行口被设置为波特率可变的 8 位异步通信接口。其时序如图 9-9 所示。

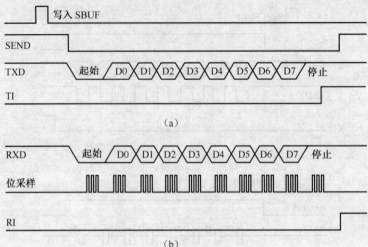

图 9-9   串行口方式 1 的时序

(a)发送时序   (b)接收时序

【实例 77】   方式 1 接收数据实例

接收时,由 REN 置 1,允许接收,串行口采样 RXD,当采样由 1 到 0 跳变时,确认是起始位 "0",开始接收一帧数据。当 RI=0,且停止位为 1 或 SM2=0 时,停止位进入 RB8 位,同时,置中断标志 RI 为 1,否则信息将丢失。所以,方式 1 接收时,应先用软件清除 RI 或 SM2 标志。

3. 方式 2 和方式 3

方式 2 下,串行口为 11 位 UART,传送波特率与 SMOD 有关。发送或接收一帧数据包括 1 位起始位 0、8 位数据位、1 位可编程位(用于奇偶校验)和 1 位停止位 1。其帧格式如图 9-10 所示。

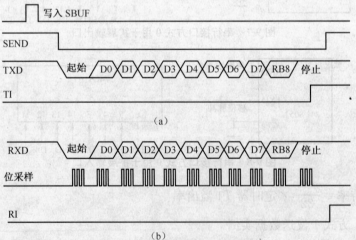

图 9-10   串行口方式 2、3 的时序图

(a)发送时序   (b)接收时序

方式 2:   波特率 $=\dfrac{2^{SMOD}}{64}f_{osc}$

方式 3：　波特率 = $\dfrac{2^{SMOD}}{32}$ × 定时器 $T1$ 溢出率

串行口工作为方式 2 时，被定义为 9 位异步通信接口。其时序如图 9-10 所示。

【实例 78】 方式 2、3 发送数据实例

发送时，先根据通信协议由软件设置 TB8，然后，用指令将要发送的数据写入 SBUF，启动发送器。写 SBUF 的指令时，除了将 8 位数据送入 SBUF 外，同时，还将 TB8 装入发送移位寄存器的第 9 位，并通知发送控制器进行一次发送。一帧信息即从 TXD 发送，在送完一帧信息后，TI 被自动置 1，在发送下一帧信息之前，TI 必须由中断服务程序或查询程序清零。

【实例 79】 方式 2、3 接收数据实例

当 REN＝1 时，允许串行口接收数据。数据由 RXD 端输入，接收 11 位的信息。当接收器采样到 RXD 端的负跳变，并判断起始位有效后，开始接收一帧信息。当接收器接收到第 9 位数据后，若同时满足以下两个条件：RI＝0 和 SM2＝0 或接收到的第 9 位数据为 1，则接收数据有效，8 位数据送入 SBUF，第 9 位送入 RB8，并置 RI＝1；若不满足上述两个条件，则信息丢失。方式 3 为波特率可变的 11 位 UART 通信方式，除了波特率以外，方式 3 和方式 2 完全相同。

9.3　MCS-51 单片机串行通信应用

MCS-51 单片机串行通信应用非常广泛，例如 CPU 与外设之间的数据交换，打印机数据的传输等。此串行接口是一个全双工串行通信接口，即能同时进行串行发送和接收数据。它既可以作 UATR（通用异步接收和发送器）用，也可以作同步移位寄存器用。使用串行接口可以实现单片机系统之间点对点的单机通信和单片机与系统机（如 IBM-PC 机等）的，单机或多机通信。

串行口通信方式的应用。

【实例 80】 MCS-51 单片机串行通信应用实例

用 MCS-51 串行口外接 164 串入并出移位寄存器扩展 8 位并行口，8 位并行口的每位都接一个发光二极管，要求发光二极管从左到右以一定延迟轮流显示，并不断循环。发光二极管为共阴极接法，如图 9-11 所示。

编程说明：采用中断方式串行发送数据

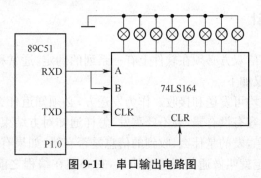

图 9-11　串口输出电路图

程序代码如下：

```
#include<reg51.h>
#define uint unsigned int
#define uchar unsigned char
Uchar x0,
void main ()
    {
    SCON=0x00;
    TI=0;
    SBUF= x 0;
    While(TI= =0);
    TI=0;
    }
```

9.4 双机通信

1. TTL 电平通信接口

如果两个 8031 应用系统相距在 1m 之内，那么它们的串行口可直接相连，从而实现了双机通信，如图 9-12 所示。

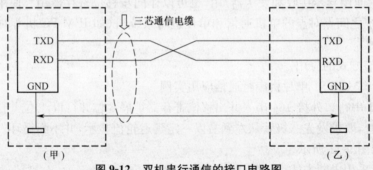

图 9-12　双机串行通信的接口电路图

2. 双机通信软件设计

（1）通信协议

为确保通信成功，通信双方必须在软件上有一系列的约定，通常称为软件协议。本例约定双机异步通信的软件协议如下：

1）通信的甲、乙双方均可发送和接收。作为发送方，必须知道什么时候发送信息，发什么，对方是否收到，收到的内容有没有错，要不要重发，怎样通知对方结束等等。作为接收方，必须知道对方是否发送了信息，发的是什么，收到的信息是否有错，如果有错怎样通知对方重发，怎样判断结束等。这种约定就叫做通信规程或协议，它必须在编程之前确定下来。要想使通信双方都能够正确交换信息和数据，在协议中对什么时候开始通信，什么时候结束通信，何时交换信息等等都必须作出明确的约定。只有双方遵守这些约定才能顺利地进行通信。

2)通信波特率为 2400bps,定时器 T1 工作在模式 2,对于 6MHz 时钟频率,计数常数为 F3H,SMOD=1。在串行通信中,一个重要的指标是波特率,它反映了串行通信的速率,也反映了对于传输通道的要求。波特率越高,要求传输通道的频带越宽。

3)由于异步通信双方各有自己的时钟源,要保证捕捉到的信号正确,最好采用较高频率的时钟。一般选择的时钟频率比波特率高 16 倍或 64 倍。若是时钟频率等于波特率,则频率稍有偏差便会接收错误。

4)在异步通信中,收、发双方必须事先约定两件事:

一是字符格式即规定字符各部分所占的位数是否采用奇偶校验以及校验的方式(偶校验还是奇校验)等通信协议;

二是采用的波特率以及时钟频率和波特率的比例关系。

(2)双机通信应用

使用两台机器分别承担"发送"和"接收"任务。使用专用的串行通信电缆将两台设备进行连接(如图 9-12 所示)。注意:发送方的 TXD 接到接收端的 RXD,而接收端的 TXD 连接到发送端的 RXD 端,双方的 GND 线相连。

9.5　多机串行通信技术

在实际应用中,经常需要多个 CPU 协调工作才能完成某个过程或任务。在多机配合的工作过程中,主要问题是多机之间的通信问题,下面介绍单片机之间的多机通信原理。

1. 多机通信原理

在单片机多机通信中,串行口控制寄存器 SCON 的设置非常重要,在 SCON 寄存器中的控制位 SM2 是专门为多机通信而设置的。当串行口以方式 2(或方式 3)工作时,发送和接收的每一帧信息都是 11 位,其中第 9 位数据位是可编程位,通过对 SCON 的 TB8 赋予 1 或 0,以区别发送的是地址帧还是数据帧(规定地址帧的第 9 位为 1,数据帧的第 9 位为 0)。若从机的控制位 SM2=1,则当接收的是地址帧时,数据装入 SBUF,并置 RI=1 向 CPU 发出中断请求;若接收的是数据帧,则不产生中断标志,信息被抛弃。若 SM2=0,则无论是地址帧还是数据帧,都产生 RI=1 中断标志,数据装入 SBUF。

【实例 81】 多机通信具体流程实例

1)主机的 SM2 为 0,所有从机的 SM2 位置 1,处于只接收地址帧的状态。

2)主机发送一帧地址信息,地址的第 9 位为 1,表示发送的是地址帧。

3)所有从机在 SM2 为 1、RB8 为 1、RI 为 0 时,接收到地址帧后,各自将接收到的地址与其本身地址相比较。

4)被寻址的从机清除 SM2,未被寻址的其它从机仍维持 SM2=1 不变。

5)主机发送数据或控制信息(第 9 位为 0)。对于已被寻址的从机,因 SM=0,故可以接收主机发送过来的信息。而对于其它从机,因 SM2 维持为 1,对主机发来的数据帧将不予理睬,直至发来新的地址帧。

习题

9-1　说明 MCS-51 系列单片机的通信方式。

9-2　什么是串行通信？并说明与并行通信的区别。

9-3　解释什么是单工、半双工、全双工？

9-4　说明串口工作用到哪些寄存器，分别对各个位进行解释。

9-5　通信中的波特率如何设置？

9-6　说明串口有几种工作方式。

9-7　已知 $f_{osc} = 11.0592\text{MHz}$，波特率为 2400b/s，$SMOD = 1$，16 个发送数据存在内 RAM20H 为首地址的区域中，试以串行方式 1 设计一个发送程序。

9-8　设计一个串行方式 2 发送子程序（$SMOD = 0$），将片内 RAM 60H～67H 中的数据串行发送。

第10章
输入输出接口技术

日常生活中大量传输信号都是模拟信号,例如生产过程中的压力、温度、位移等物理量,经传感器变成相应的电压或电流,都是模拟信号。而单片机内存处理的却是数字信号。既然单片机只能识别数字信号,那么单片机要检测现实生活中的模拟量,就得有模/数转换环节。因此,数/模和模/数转换是I/O接口的重要组成部分。

10.1 简单I/O口的扩展

MCS-51单片机有4个8位的并行口P0、P1、P2和P3,如果未对系统进行扩展,那么由于P0口是地址/数据总线口,P2口是高8位地址线,而P3口的第二功能是需要用到的,这样真正可以作为双向I/O口应用的就只有P1口了。在大多数应用中,这是不够的,因此就需要进行扩展了。

当所需扩展的外部I/O口数量不多时,可以使用常规的逻辑电路、锁存器进行扩展。这一类的外围芯片一般价格较低而且种类较多,常用的如:74LS377、74LS245、74LS373、74LS244、74LS273、74LS577、74LS573。图10-1所示为74LS377引脚图。

74LS377
1 $\overline{G}$ — VCC 20
2 Q0 — Q7 19
3 D0 — D7 18
4 D1 — D6 17
5 Q1 — Q6 16
6 Q2 — Q5 15
7 D2 — D5 14
8 D3 — D4 13
9 Q3 — Q4 12
10 GND — CLK 11

图10-1 74LS377引脚图

10.1.1 用74LSTTL芯片扩展简单的I/O口

1. 输出口扩展

当通过P0口扩展输出口时,要求接口电路具有锁存功能。为增加抗干扰能力,可采用带使能控制端的8D锁存器。图10-2是用74LS377通过P0口扩展的8位并行输出接口,该芯片的功能见表10-1。

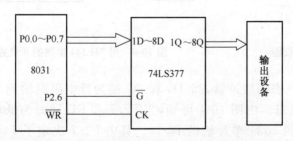

图10-2 用74LS377扩展的8位并行输出接口

表 10-1　74LS377 功能表

输入			输出
$\overline{G}$	CK	D	Q
H	×	×	O_0
L	↑	H	H
L	↑	L	L
×	L	×	Q_1

注：Q_0 为建立稳态输入条件前 Q 的电平

由于 74LS377 的 G 端与 P2.6 相连，故其地址可定为 0BFFFH。用 8031 单片机的写脉冲信号作为该芯片的时钟。

2. 输入口扩展

由于 MCS-51 的数据总线是一种公用的总线，不能够被独占，这就要求所接在上面的芯片必须具备"三态"，因此，扩展输入接口实际上就是要找一个能够控制的、具有三态输出的芯片。当输入设备被选通时，它使输入设备的数据线和单片机的数据总线直接接通；当输入设备没有被选通时，它隔离数据源和数据总线（即三态缓冲器为高阻抗状态）。当传送的数据需保持时间较长，而外设的数据维持时间较短时，用三态门扩展 8 位并行输入接口，图 10-3 为 74LS244 引脚图，图 10-4 是用 74LS244 芯片通过 P0 口扩展的 8 位并行输入接口。

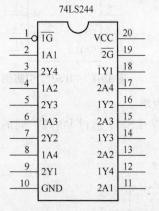

图 10-3　74LS244 引脚图

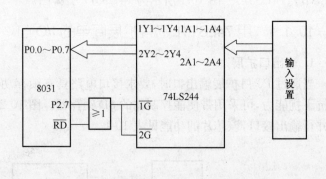

图 10-4　用 74L244 扩展的 8 位并行输入接口

74LS244 是 8 位三态门缓冲器，当 1G 和 2G 端为低电平时输出与输入相同；当其为高电平时，输出呈高阻态。由图 10-4 可知，当 P2.7 和 RD 同时为低电平时，74LS244 才将输入设备的数据送到 8031 单片机的 P0 口。其中 P2.7 决定了 74LS244 的地址，地址可取 7FFFH。

10.2　可编程并行 I/O 接口 8255A

8255A 是 Intel 公司生产的可编程输入输出接口芯片,它具有 3 个 8 位的并行 I/O 口,分别称为 PA 口、PB 口和 PC 口,其中,PC 口又分高 4 位口(PC7~PC4)和低 4 位口(PC3~PC0),它们都可以通过软件编程来改变 I/O 口的工作方式,8255A 可以与 MCS-51 单片机直接连接。

1. 8255A 的引脚和结构

8255A 的结构框图如 10-5 所示。8255A 的引脚如图 10-6 所示。

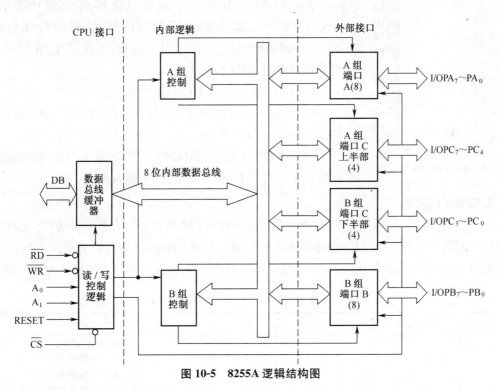

图 10-5　8255A 逻辑结构图

(1)数据端口 A、B、C

8255A 有三个 8 位并行口,PA、PB 和 PC,都可以选择作为输入或输出工作方式,但是,功能和结构上有些差异。

1)PA 口:一个 8 位数据输出锁存器和缓冲器;一个 8 位数据输入锁存器。

2)PB 口:一个 8 位数据输出锁存器和缓冲器;一个 8 位的数据输入缓冲器。

3)PC 口:一个 8 位数据输出锁存器和缓冲器;一个 8 位数据输入缓冲器(输入没有锁存)。

通常 PA 口、PB 口作为输入输出口,PC 口也可作为输入输出口,也可在"方式字"控制下,分为两个 4 位的端口,作为端口 A、B 选通方式操作时的状态控制信号。

(2)A 组和 B 组控制电路

这是两组根据 CPU 写入的"命令字"控制 8255A 工作方式的控制电路。A 组控制 PA 口

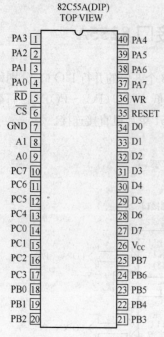

图 10-6　8255A 引脚图

和 PC 口的上半部(PC7～PC4);B 组控制 PB 口和 PC 口的下半部(PC3～PC0),并可根据"命令字"对端口的每一位实现按位"置位"或"复位"。

(3)双向三态数据缓冲器

这是 8255A 和 CPU 数据总线的接口,CPU 和 8255A 之间的命令、数据和状态的传送都是通过双向三态总线缓冲器传送的,D0～D7 接 CPU 的数据总线。

(4)读写和控制逻辑

A0、A1、/CS 为 8255A 的端口选择信号和片选信号,/RD、/WR 为 8255A 的读写控制信号,这些信号线分别和MCS-51 的地址线和读写信号线相连接,实现 CPU 对 8255A 的端口选择和数据传送,见表 10-2。

(5)CPU 对 8255A I/O 口的寻址

CPU 对 8255A 的 A 口、B 口、C 口和控制口的寻址,如表10-2 所示。

引脚 RESET 信号为复位输入脚,高电平有效,它把控制寄存器清零和置所有端口(A、B、C)为输入方式。

2. 8255A 控制字

8255A 的工作方式,可由 CPU 送出一个控制字到 8255A 的控制字寄存器来选择。这个控制字的格式如图 10-7 所示,可以分别选择端口 A 和端口 B 的工作方式,端口 C 分成两个部分,上半部随端口 A,下半部随端口 B。端口 A 有方式 0、1 和 2 三种,而端口 B 只能工作于方式 0 和 1。

表 10-2　8255A 端口选择表

A1	A0	$\overline{RD}$	$\overline{WR}$	$\overline{CS}$	操　作
					输入操作(读)
0	0	0	1	0	端口 A —→ 数据总线
0	1	0	1	0	端口 B —→ 数据总线
1	0	0	1	0	端口 C —→ 数据总线
					输入操作(写)
0	0	1	0	0	数据总线 —→ 端口 A
0	1	1	0	0	数据总线 —→ 端口 B
1	0	1	0	0	数据总线 —→ 端口 C
1	1	1	0	0	数据总线 —→ 控制字寄存器
					断开功能
×	×	×	×	1	数据总线为三态
1	1	0	0	1	非法状态
×	×	1	1	0	数据总线为三态

(1)"方式"选择控制字

8255A 控制字格式:

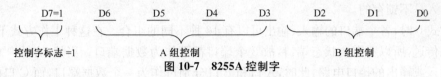

图 10-7　8255A 控制字

1)D7:控制字标志位。D7＝1 为 C 口单一置复位控制字。

2)D6、D5:8255A 组工作方式选择位。00:方式 0;01:方式 1;1×:方式 2。

3)D4:A 口输入输出控制位。D4＝1:A 口输入;D4＝0:A 口输出。

4)D3:C 口上半部输入/输出控制位。D3＝1 为输入;D3＝0 为输出。

5)D2:B 组工作方式选择位。D2＝0 为方式 0;D2＝1 为方式 1。

6)D1:B 口输入/输出控制位。D1＝1 为输入;D1＝0 为输出。

7)D0:C 口下半部输入/输出控制位。D0＝1 为输入;D1＝0 为输出。

（2）C 口按位置位/复位控制字

端口 C8 位中的任何一位,都可用一个写入 8255A 控制口的置复位控制字来置位或复位。这个功能主要用于控制。控制字的格式如图 10-8 所示。

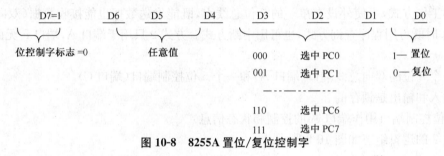

图 10-8　8255A 置位/复位控制字

8255A 控 C 口按位置位/复位控制字格式:

例如:07H 写入控制口,置"1"PC3;08H 写入控制口,置"0"PC4。

3. 8255A 的工作方式

8255A 共分 3 种工作方式:

方式 0——基本输入输出;

方式 1——选通输入输出;

方式 2——双向传送(仅 PA 口)。

（1）方式 0

方式 0 是一种基本的输入或输出方式。在这种工作方式下,三个端口的每一个都可由程序选定作为输入或输出,这种方式适用于无条件地传送数据的设备。例如,读一组开关的状态,控制一组指示灯,并不需要联络信号,CPU 可随时读入开关的状态,随时把一组数据送到指示灯显示。方式 0 的基本功能为:

1)两个 8 位端口(A 口和 B 口)和两个 4 位端口(C 口高四位和 C 口低四位)。

2)任意一个端口都可以作为输入输出。

3)输出是锁存的。

4）输入是不锁存的。

在方式 0 时，各个端口的输入、输出可以有 16 种不同的组合。在这种工作方式下，因为是无条件地传送，所以不需要状态端口，故 3 个端口都可作为数据端口。当然，方式 0 也可作为查询式输入或输出的接口电路，此时，A 口和 B 口分别可作为一个数据端口，而 C 口的某些位作为这两个端口的控制和状态信息。

（2）方式 1

1）用作一个或两个选通端口。

2）每一个端口包含有 8 位数据端口、3 条控制线（是固定指定的，不能用程序改变），并提供中断逻辑。

3）任何一个端口都可作为输入或输出。

4）若只有一个端口工作于方式 1，余下的 5 位都可以工作在方式 0（由控制字决定）。

5）若两个端口都工作于方式 1，端口 C 还留下 2 位，这两位可以由程序指定作为输入或输出，也具有置位/复位功能。

（3）方式 2

这种工作方式，可使外设在单一的 8 位总线上，既能发送数据也能接收数据（双向总线 I/O）。工作时既可用程序查询方式，也可用中断方式。方式 2 只用于端口 A，端口 B 无此种工作方式。

1）一个 8 位的双向总线端口（端口 A）和一个 5 位控制端口（端口 C）。

2）输入和输出是锁存的。

3）5 位控制端口用作端口 A 的控制和状态信息。

方式 2 的逻辑组态如图 10-9 所示。

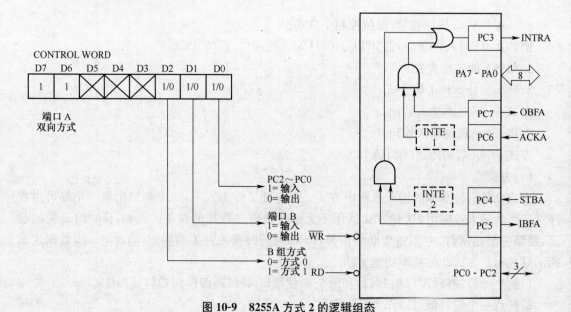

图 10-9 8255A 方式 2 的逻辑组态

各个信号的意义：

INTR(中断请求)：高电平有效。在输入和输出方式时，都可用来作为 CPU 的中断请求信号。

OBF (输出缓冲器满)：低电平有效。它是对外设的一种选通信号，表示 CPU 已把数据输出至端口 A。

ACK (响应信号)：低电平有效。它启动端口 A 的三态输出缓冲器，送出数据，否则，输出缓冲器处在高阻状态。

INTEL1(与输出缓冲器相关的中断屏蔽触发器)：由 PC 6 的置位/复位控制。

STB (选通输入)：低电平有效。这是外设供给 8255A 的选通信号，它把输入数据选通至输入锁存器。

IBF(输入缓冲器满)：高电平有效。它是一个状态信息，指示数据已进入输入锁存器。

INTF 2(与输入缓冲器相关的中断屏蔽触发器)：由 PC 4 的置位/复位控制。

方式 2 状态字含义：

当端口 A 工作在方式 2 时，端口 B 可以工作在方式 0 或方式 1，可以作为输入；也可以作为输出。其中，INTEL1 为输出请求允许触发器，由 PC6 控制置位/复位，其作用和功能与方式 1 输出时的 INTEL 相同；INTEL2 为输入请求允许触发器，由 PC4 控制置位/复位，其作用和功能与方式 1 输入时的 INTEL 相同。输入和输出中断请求共用一根线 INTRA，究竟是输入中断还是输出中断，要靠端口 C 提供的状态位 IBFA 和 OBFA 来区分。读取端口 C 的数据即得状态字，8255A 在方式 2 的状态字见表 10-3。

表 10-3　方式 2 状态字含义(端口 C)

组别	A 组					B 组			组别
状态位	D7	D6	D5	D4	D3	D2	D1	D0	状态位
方式 2	$\overline{OBFA}$	INTEI	IBFA	INTE2	INTRA	I/O	I/O	I/O	方式 0 出/入
						INTRB	IBFB	INTRB	方式 1 输入
						INTEB	$\overline{OBFB}$	INTRB	方式 1 输出

▶▶▶ 10.3　可编程 RAM/IO 接口芯片 8155

Intel 8155 芯片内包含 256 个字节的 RAM 存储器(静态)、两个可编程的 8 位并行口 PA 和 PB、一个可编程的 6 位并行口 PC 以及一个 14 位定时/计数器。PA 口和 PB 口可工作于基本输入输出方式(同 8255 A 的方式 0)或选通输入输出方式(同 8255A 的方式 1)。8155 可直接和 MCS-51 单片机接口连接，不需要增加任何硬件逻辑。由于 8155 既有 RAM 又有 I/O 口，因而是 MCS-5l 单片机系统中最常用的外围接口芯片之一。

1. 8155 芯片介绍

8155 的引脚如图 10-10(a)所示；8155 的结构如图 10-10(b)所示。

(1) 各引脚的功能

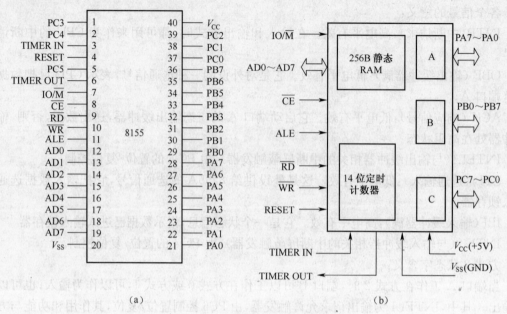

图 10-10　8155 的引脚图与结构图

(a)8155 引脚图　(b)8155 结构图

RESET:8155 内部复位信号输入端。在此端出现 $5\mu s$ 左右宽的正脉冲。

AD0~AD7:三态地址数据线。AD0~AD7 上的地址由 ALE 下降沿锁存到 8155 内部地址锁存器。引脚 IO/M 是 RAM 还是 I/O 口,取决于 WR 有效还是 RD 有效。

/CE :片选信号线,低电平有效。也由 ALE 下降沿锁存到 8155 内部地址锁存器。

IO/M:8155 的 RAM 存储器和 I/O 口选择线。

IO/M＝0 时,AD0~AD7 的地址为 8155 的 RAM 地址,选择 RAM;

IO/M＝1 时,AD0~AD7 的地址为 8155 I/O 口的地址,选择 I/O 口。

/RD:读选通信号,低电平有效。

/WR:写选通信号,低电平有效。

ALE:地址锁存允许端。控制信号 ALE 的后沿可锁存 AD0~AD7 线上的地址和 CE 的状态,并把 IO/M 的状态寄存到 8155 内部寄存器中。

PA0~PA7:A 口的通用 I/O 线,由程序控制的命令寄存器选择输入/输出方向。

PB0~PB7:B 口的通用 I/O 线,由程序控制的命令寄存器选择输入/输出方向。

PC0~PC5:这 6 根线是 PC 口线。它有两个作用,一是作为 C 口的 I/O;二是作为 PA 口和 PB 口的控制信号。通过命令寄存器实现程序控制。

当 PC0~PC5 用作控制信号时,作用如下:

PC0——AINTR(A 口的中断请求)

PC1——ABF(A 口缓冲器满)

PC2——ASTB(A 口选通脉冲)

PC3——BINTR(B 口中断请求)

PC4——BBF(B 口缓冲器满)

PC5——BSTB (B 口选通脉冲)

TIMER IN:定时/计数器时钟输入。

TIMER OUT:定时/计数器输出,输出信号是矩形还是脉冲波形,取决于定时/计数器的工作方式。

Vcc:+5V;

Vss:接地。

(2)CPU 对 8155 的 RAM 单元和 I/O 口的寻址方法

IO/ M=0 时,CPU 对 8155 的 256 个字节的 RAM 寻址,地址为 00H～FFH。

IO/ M=1 时,CPU 对 8155 的 I/O 口寻址,8155 的 I/O 口编址,如表 10-4 所示。

表 10-4　8155 I/O 口编址

AD₇～AD₀								寄存器
A_7	A_6	A_5	A_4	A_3	A_2	A_1	A_0	
×	×	×	×	×	0	0	0	命令状态口
×	×	×	×	×	0	0	1	A 口(PA0～7)
×	×	×	×	×	0	1	0	B 口(PB0～7)
×	×	×	×	×	0	1	1	C 口(PC0～5)
×	×	×	×	×	1	0	0	定时器低位
×	×	×	×	×	1	0	1	定时器高6位和操作方式

(3)8155 的命令字和状态字

1)命令字。8155 内部的命令寄存器和状态寄存器使用同一个端口地址。命令寄存器只能写入不能读出,状态寄存器只能读出不能写入。8155 I/O 口的工作方式由 CPU 写入命令寄存器的控制命令字确定。命令字的格式如图 10-11(a)所示。

8 位命令寄存器的低 4 位定义 A 口、B 口和 C 口的操作方式,D4、D5 位确定 A 口、B 口以及选通输入输出方式工作时是否允许申请中断,D6、D7 位为定时/计数器运行控制位。

2)状态字。8155 有一个状态寄存器,锁存 8155 I/O 口和定时/计数器的当前状态,供 CPU 查询。状态寄存器口只能读出,不能写入,而且和命令寄存器共用一个口地址。CPU 对该地址写入的是命令字,读出的是 8155 的状态。状态寄存器的格式,如图 10-11(b)所示。

(4)8155 定时/计数器

定时器中断请求标志位 TIMER:当正在计数或在开始计数前,该位为 0;当定时器计数满时,该位为 1;当读出状态或硬件复位时,它变为 0。缓冲器满/空(I/O)标志位 ABF、BBF:当输入操作时,若缓冲器满该位为 1,否则为 0;当输出操作时,若缓冲器空,该位为 1,否则为 0。

1)8155 的定时器。8155 的定时器为 14 位的减法计数器,对输入脉冲进行减法计数,定时器由 2 个字节组成,其格式如图 10-12 所示。

定时器有四种输出方式,由 M2、M1 两位定义,每一种方式的输出波形,如图 10-13 所示。对定时器编程时,首先把计数长度和定时器方式装入定时器的两个相应单元。计数长度为 2～

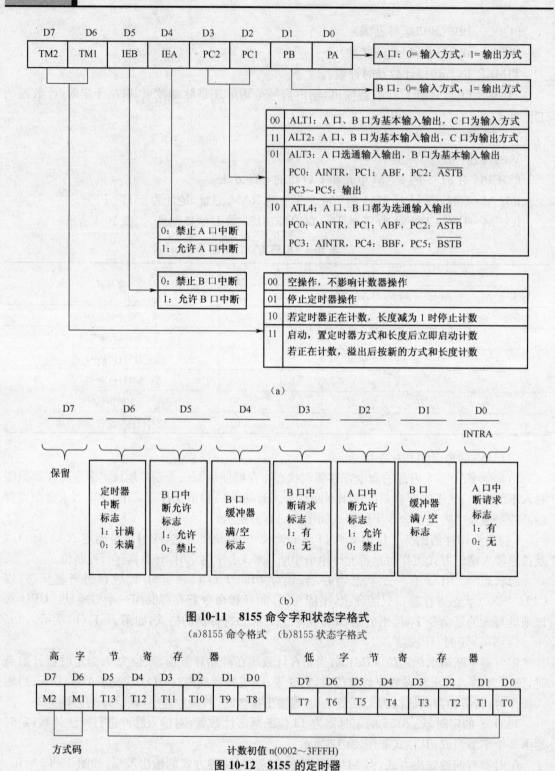

图 10-11   8155 命令字和状态字格式

(a)8155 命令格式   (b)8155 状态字格式

图 10-12   8155 的定时器

3FFFH 之间的任意值。命令寄存器的最高两位(6,7)控制计数器的启动和停止计数。

　　　　M2　M1
　　　　0　0　空操作,不影响计数器操作。
　　　　0　1　停止计数器计数,当定时器无启动时则无操作。
　　　　1　0　若计数器正在计数,计数长度减为1时停止计数。
　　　　1　1　当计数器不在计数状态时,装入计数长度和方式后立即开始计数。

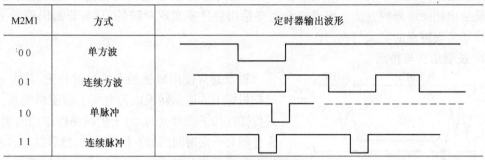

M2M1	方式	定时器输出波形
0 0	单方波	
0 1	连续方波	
1 0	单脉冲	
1 1	连续脉冲	

图 10-13　8155 定时器方式

　　当计数器正在计数时,待计数器溢出后,以新装入的计数长度和方式计数。任何时候都可以预置定时器的长度和工作方式,但是必须将启动命令写入命令寄存器。如果定时器正在计数,那么只有在写入启动命令之后,定时器才接收新的计数长度并按新的工作方式计数。若写入定时器的初值为奇数,方波输出是不对称的,例如:初值为 9 时,定时器输出的 5 个脉冲周期内为高电平,4 个脉冲周期内为低电平。

　　8155 复位后并不预置定时器的方式和长度,但是停止计数器计数。另外,8155 的定时器在计数过程中,计数器的值并不直接表示外部输入的脉冲数,计数器的终值为2,初值为 2～3FFFH 之间。若作为外部事件计数,由计数器的状态求输入脉冲数的方法如下:

　　停止计数器计数;
　　分别读出计数器的 2 个字节;
　　取低 14 位的计数值;
　　若为偶数,右移一位即得输入脉冲数;若为奇数,则右移一位加上计数初值的二分之一的整数部分。

10.4　单片机键盘接口

　　键盘是一种常见的输入设备,用户可以用它向计算机输入数据或命令。键盘是由一组规则排列的按键组成,一个按键实际上是一个开关元件,也就是说键盘是一组规则排列的开关。根据按键的识别方法分类,有编码键盘和非编码键盘两种。通过硬件识别的键盘称编码键盘;通过软件识别的键盘称非编码键盘。非编码键盘有两种接口方式。

10.4.1 键盘工作原理

1. 按键的分类

1)按键按照结构原理可分为两类,一类是触点式开关按键,如机械式开关、导电橡胶式开关等;另一类是无触点开关按键,如电气式按键,磁感应按键等。前者造价低,后者寿命长。目前,微机系统中最常见的是触点式开关按键。

2)按键按照接口原理可分为编码键盘与非编码键盘两类,这两类键盘的主要区别是,识别键符及给出相应键码的方法。编码键盘主要是用硬件来实现对键的识别;非编码键盘主要是由软件来实现键盘的定义与识别。

2. 按键结构与特点

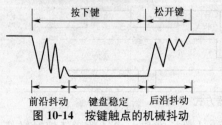

图 10-14 按键触点的机械抖动

键盘通常使用机械触点式按键开关,其主要功能是把机械上的通断转换成为电气上的逻辑关系。机械式按键在按下或释放时,由于机械弹性作用的影响,通常伴随有一定时间的触点机械抖动,然后其触点才能稳定下来。其抖动过程如图 10-14 所示,抖动时间的长短与开关的机械特性有关,一般为 5～10ms。

在触点抖动期间检测按键的通与断状态,可能导致判断出错,即按键一次按下或释放被错误地认为是多次操作。为了克服按键触点机械抖动所致的检测误判,必须采取措施去抖,可从硬件、软件两方面予以考虑。在键数较少时,可采用硬件去抖;而当键数较多时,采用软件去抖。

1)在硬件上可采用在键盘输出端加 R-S 触发器(双稳态触发器)或单稳态触发器构成去抖动电路,当触发器一旦翻转,触点抖动不会对其产生任何影响。

2)软件上采取的措施是:在检测到有按键按下时,执行一个 10ms 左右(具体时间应视所使用的按键进行调整)的延时程序后,再确认该键电平是否仍保持闭合状态电平,若仍保持闭合状态电平,则确认该键处于闭合状态;同理,在检测到该键释放后,也采用相同的步骤进行确认,从而消除抖动的影响。

10.4.2 键盘结构

1. 独立式按键结构

独立式按键是直接用 I/O 口线构成的单个按键电路,每个按键单独占用一根 I/O 口。每个按键的工作不会影响其它 I/O 口线的状态。独立式按键电路如图 10-15 所示。图中按键输入均采用低电平有效。此外,上拉电阻保证了按键断开时,I/O 口线仍有确定的高电平。当 I/O 口线内部有上拉电阻时,外电路可不接上拉电阻。

2. 矩阵式按键结构

单片机系统中,若是按键较多时,通常采用矩阵式(也称行列式)键盘。

(1)矩阵式键盘的结构及原理

矩阵式键盘由行线和列线组成,按键位于行、列线的交叉点上,其结构如图 10-16 所示。一个 4×4 的行、列结构可以构成一个含有 16 个按键的键盘。显然,在按键数量较多时,矩阵式键盘较之独立式按键键盘要节省很多 I/O 口。矩阵式键盘中,行、列线分别连接到按键开关的两端,行线通过上拉电阻接到+5V 上,当无键按下时,行线处于高电平状态;当有键按下时,行、列线将导通,此时行线电平将由与此行线相连的列线电平决定,这是识别按键是否按下的关键。然而,矩阵键盘中的行线、列线和多个键相连,各按键按下与否均影响该键所在行线和列线的电平,各按键间也相互影响。因此,必须将行线、列线信号配合起来作适当处理,才能确定闭合键的位置。

(2)矩阵式键盘按键的识别

识别按键的方法很多,其中,最常见的方法是扫描法。下面以图 10-16 中 8 号键的识别为例,来说明扫描法识别按键的过程。按键按下时,与此键相连的行线与列线导通,行线在无键按下时处在高电平,显然,如果让所有的列线也处于高电平,那么按键按下与否不会引起行线电平的变化。因此,必须使所有列线处在低电平,只有这样,当有键按下时,该键所在的行电平才会由高电平变为低电平。CPU 根据行电平的变化,便能判定相应的行有键按下。8 号键按下时,第 2 行一定为低电平,然而,第 2 行为低电平时,能否肯定是 8 号键按下呢? 回答是否定的,因为 9、10、11 号键按下同样使第 2 行为低电平。为进一步确定具体键,不能使所有列线在同一时刻都处在低电平,可在某一时刻只让一条列线处于低电平,其余列线均处于高电平;另一时刻,让下一列处在低电平。依次循环,这种依次轮流每次选通一列的工作方式称为键盘扫描。采用键盘扫描后,再来观察 8 号键按下时的工作过程,当第 0 列处于低电平时,第 2 行处于低电平;而当第 1、2、3 列处于低电平时,第 2 行却处在高电平,由此可判定按下的键应是第 2 行与第 0 列的交叉点,即 8 号键。

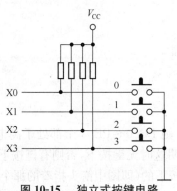

图 10-15　独立式按键电路

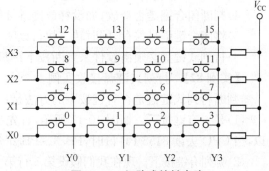

图 10-16　矩阵式按键电路

(3)键盘的编码

对于独立式按键键盘,因按键数量少,可根据实际需要灵活编码。对于矩阵式键盘,按键的位置由行号和列号唯一确定,因此,可分别对行号和列号进行二进制编码,然后将两值合成一个字节,高 4 位是行号,低 4 位是列号。如图 10-16 中的 8 号键,它位于第 2 行,第 0 列,因此,其键盘编码应为 20H。采用上述编码对于不同行的键离散性较大,不利于散转指令对按键进行处理,因此,可采用依次排列键号的方式进行编码安排。以图 10-16 中的 4×4 键盘为例,可将键号编码为:01H、02H、03H…0EH、0FH、10H 等 16 个键号。编码相互转换可通过计算或查表的方法实现。

(4)键盘的工作方式

在单片机应用系统中,键盘扫描只是 CPU 的工作内容之一。CPU 对键盘的响应取决于键盘的工作方式,键盘的工作方式应根据实际应用系统中 CPU 的工作状况而定,其选取的原则是既要保证 CPU 能及时响应按键操作,又不要过多地占用 CPU 的工作时间。键盘的工作方式有三种:定时扫描、中断扫描和编程扫描。

1)定时扫描方式。定时扫描方式就是每隔一段时间对键盘扫描一次。它利用单片机内部的定时器产生一定时间(例如 10ms)的定时,当定时时间到时就产生定时器溢出中断,CPU 响应中断后对键盘进行扫描,并在有键按下时识别出该键,再执行该键的功能程序。

2)编程扫描方式。编程扫描方式是利用 CPU 完成其它工作的空余,调用键盘扫描子程序,来响应键盘输入的要求。在执行键功能程序时,CPU 不再响应键输入要求,直到 CPU 重新扫描键盘为止。

3)中断扫描方式。采用上述两种键盘扫描方式时,无论是否按键,CPU 都要定时扫描键盘,而单片机应用系统工作时,并非经常需要键盘输入。因此,CPU 经常处于空扫描状态,为提高 CPU 工作效率,可采用中断扫描工作方式。其工作过程如下:当无键按下时,CPU 处理自己的工作。

(5)确定有键按下

键盘扫描程序一般应包括以下内容:

1)判别有无键按下。

2)键盘扫描取得闭合键的行、列值。

3)用计算法或查表法得到键值。

4)判断闭合键是否释放,如没释放则继续等待。

5)将闭合键键号保存,同时转去执行该闭合键的功能。

6)行列式键盘必须由软件来判断按下键盘的键值。

【实例 82】 行列式键盘接收实例

判断行列式键盘是否有键按下的方法是:

1)是否有键按下。如图 10-17 所示,首先有键按下,则 PB. 0～PB. 3 全部处于高电平。所以,当 CPU 去读 8155 PB 口时,PB. 3～PB. 0 全为 1 表明这时无键按下,否则有键按下。

2)哪列有键按下。现在我们假设第 5 行第 4 列键是按下的(即图中箭头指着的那个键)。由于该键被按下,使第 4 根列线与第 5 根行线导通,原先处于高电平的第 4 根列线被第 5 根行线箝位到低电平,所以,这时 CPU 读 8155 PB 口时 PB. 3=0。从硬件图中我们可以看到,只要是第 4 列键按下,CPU 读 8155 PB 口时 PB. 3 始终为 0,其 PB 口读得的值为 XXXX0111B,这就是第 4 列键按下的特征。如果此时读得 PB 口值为 XXXX1101 B,显然可以断定是第 2 列键被按下。

3)哪行有键按下。首先使 8155 PA 口仅 PA. 0 输出为 0 其余位都是 1,然后去读 PB 口的值,如读得 PB. 0～PB. 3 全为 1;接着使 PA. 1 为 0 其余位都是 1,再读 PB 口,若仍全为 1;再继续使 PA. 2 为 0 其余位为 1,再读 PB 口 …直到读出 PB. 0～PB. 3 不全为 1 或 0。位移到 PA. 7 为止,此时根据 PB 口的状态可以判断哪行有键按下。

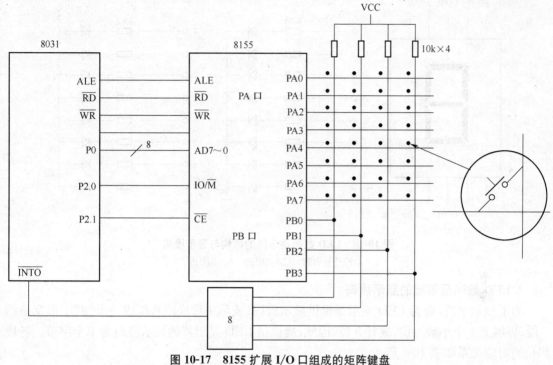

图 10-17　8155 扩展 I/O 口组成的矩阵键盘

最终键值 ＝ 行号×10H＋列号

10.6　单片机显示器接口

在一个应用系统中,显示部分往往是不能省的,它是人机交互的接口。不仅能显示指示系统的工作状态,而且还能给出某些定量的信息,是人机沟通的重要途径。下面介绍数码管的显示电路与技术。

10.6.1　LED 显示器接口

1. LED 数码显示器的结构

LED 数码显示器是一种由 LED 发光二极管组合显示字符的显示器件。它使用了 8 个 LED 发光二极管,其中,7 个用于显示字符,1 个用于显示小数点,故通常称之为 8 段发光二极管数码显示器,其内部结构如图 10-18(a)所示。

LED 数码显示器有两种连接方法。

1)共阴极接法。把发光二极管的阴极连在一起构成公共阴极,使用时公共阴极接地。每个发光二极管的阳极通过电阻与输入端相连,如图 10-18(b)所示。

2)共阳极接法。把发光二极管的阳极连在一起构成公共阳极,使用时公共阳极接+5V,每个发光二极管的阴极通过电阻与输入端相连,如图 10-18(c)所示。

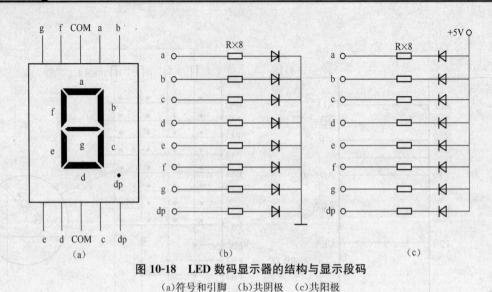

图 10-18　LED 数码显示器的结构与显示段码

(a)符号和引脚　(b)共阴极　(c)共阳极

2. LED 数码显示器的显示段码

为了显示字符，要为 LED 显示器提供显示段码（或称字形代码），组成一个"8"字形字符的 7 段，再加上 1 个小数点位，共计 8 段，因此，提供给 LED 显示器的显示段码为 1 个字节。各段码位的对应关系如表 10-5 所示。

表 10-5　段码位的对应关系

段码段	D7	D6	D5	D4	D3	D2	D1	D0
位码段	dp	g	f	e	d	c	b	a

由上述对应关系组成的 7 段 LED 显示器字形码的码表如表 10-6 所示。

表 10-6　7 段 LED 显示器字形码

字形	共阳极段码	共阴极段码	字形	共阳极段码	共阴极段码
0	C0H	3FH	9	90H	6FH
1	F9H	06H	A	88H	77H
2	A4H	5BH	b	83H	7CH
3	B0H	4FH	C	C6H	39H
4	99H	66H	d	A1H	5EH
5	92H	6DH	E	86H	79H
6	82H	7DH	F	8EH	71H
7	F8H	07H	空白	FFH	00H
8	80H	7FH	P	8CH	73H

将笔画与字节对应后，我们把由 8 个笔画的状态（逻辑状态）组成的数称为字型（段）码，或简称笔画码。

对于共阳数码管：

【实例 83】 数码管显示实例一

显示"3"时，笔画为"10110000 B"，即"B0H"。

【实例 84】 数码管显示实例二

显示"5"时，笔画为"10010010 B"，即"92H"。

对于共阴数码管：

【实例 85】 数码管显示实例三

显示"2"时，笔画为"01011011 B"，即"5BH"。

【实例 86】 数码管显示实例四

显示"7"时，笔画为"00000111 B"，即"07H"。

3. LED 数码显示器接口

LED 数码显示有动态扫描显示和静态显示之分。在单片机系统中，为了节省硬件资源，多采用动态扫描显示法，且字形码可由软件产生。

1) 静态显示：当显示器显示某一个字符时，相应的发光二极管恒定地导通或截止。优点是显示稳定。在发光二极管导通电流一定的情况下，显示器的亮度大，系统在运行过程中，仅仅在需要更新显示内容时，CPU 才执行一次显示更新子程序，这样大大节省了 CPU 的时间，提高了 CPU 的工作效率。缺点是位数多时显示口随之增加。不过在本系统中用 74LS164 来扩展显示口可足够满足要求。

图 10-19 中，八片并排的移位寄存器 74LS164 各负责一位共阳型数码管的显示。串行口仍工作于方式 0 时，RXD 作为输出端接到首位 74LS164 的两个输入端 1 脚和 2 脚上，以后前一移位寄存器的输出端 13 脚与下一移位寄存器的输入端 1 脚和 2 脚相连，这样首尾相接，直到传送满 8 位显示数为止。最先送出的数在最右端一位显示，最后送出的数在最左端一位显示。这种显示方式中，单片机一次性输出显示内容，而后由各位 LED 的锁存器或寄存器保持该位的显示结果，直到下次进行显示更新，其间不再占用单片机的机时，而且显示效果稳定可靠，称为静态显示。

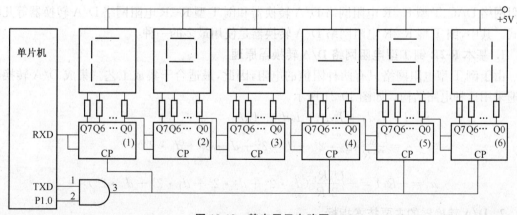

图 10-19　静态显示电路图

2)动态显示：一位一位地轮流点亮各位显示器(扫描)，对于每一位显示器来说，每隔一段时间点亮一次。这种显示方式由于 CPU 一直在执行显示更新程序，故工作效率较低。对 LED 数码显示器的控制，可以采用按时间向它提供具有一定驱动能力的段选和位选信号。段选信号(字形码)可由硬件产生，也可用软件法获得。若在这些显示器上各显示不同的字符，则必须采用动态扫描法，即 8 位显示器逐一轮流显示，每位持续若干毫秒循环一遍，如此周而复始。这样，利用人眼视觉的残留效应，使人看起来就好像在同时显示不同的字符一样。

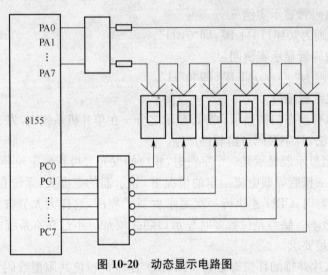

图 10-20　动态显示电路图

10.7　MCS-51 单片机与 D/A 转换器的接口和应用

10.7.1　D/A 转换器简介

D/A 转换器通常由数控开关、电阻网络和运算放大器组成。根据电阻网络的不同，分为权电阻网络 DAC、T 型 R-2R 电阻网络 D/A 转换器和倒 T 型 R-2R 电阻网络 D/A 转换器等几种形式。其中，倒 T 型 R-2R 电阻网络 D/A 转换器是使用最多的一种。

1. 基本 R-2R 倒 T 型电阻网络 D/A 转换器原理

由于倒 T 型电阻网络只有两种阻值的电阻，因此，最适合于集成工艺。集成 D/A 转换器普遍采用这种电路结构。如图 10-21 所示。

$$I = I_0 d_0 + I_1 d_1 + I_2 d_2 + I_3 d_3$$
$$= \frac{U_{REF}}{2^4 R}(d_3 \cdot 2^3 + d_2 \cdot 2^2 + d_1 \cdot 2^1 + d_0 \cdot 2^0)$$

$$u_o = -R_F I = -\frac{U_R R_F}{2^4 R}(d_3 \cdot 2^3 + d_2 \cdot 2^2 + d_1 \cdot 2^1 + d_0 \cdot 2^0)$$

2. D/A 转换器的主要技术指标

DAC 的主要参数反映其性能的优劣，主要参数有分辨率、转换精度、转换时间和线性误差等。

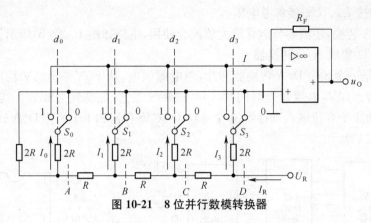

图 10-21　8 位并行数模转换器

（1）分辨率

分辨率是指当输入二进制数据改变时，输出电压变化的最小值。它与转换器的二进制数的位数和参考电压有关。例如：上述仿真电路的参考电压为 10V，二进制数为 4 位，输出的分辨率为：$10/(2^4-1)=10/15=0.667$V

（2）转换精度

转换精度是指在整个输出范围内，实际的输出电压与理想输出电压之间的偏差。实际上，最大偏差不会大于最低输入位输出电压的一半，即 $\pm 1/2$LSB。

（3）转换时间

转换时间是指从数据输入到输出稳定所经历的时间，它反映 DAC 的工作速度。

（4）线性误差

DAC 的输出应与输入数据呈直线关系，实际输出偏离直线的误差称为线性误差。

3. D/A 转换芯片简介

（1）集成 AD7520 的使用

AD7520 是一个 10 位输入的 R—2R 倒 T 型电阻网络，其管脚图如图 10-22(a)所示。

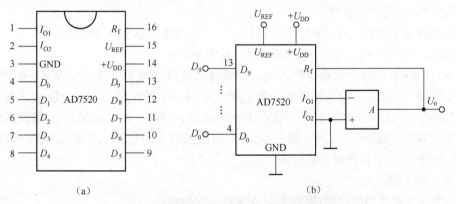

（a）　　　　　　　　　　　（b）

图 10-22　AD7520DAC 管脚图和连接电路图

(a)AD7520DAC 管脚图　(b)AD7520DAC 连接线路图

其中，$D_0 \sim D_9$ 为数据输入端，I_{O1} 和 I_{O2} 分别为运算放大器的反相和同相输出端。反馈电阻 R_f 一

端接 R_f，另一端接 I_{O1}。U_{ref} 接参考电压。

要实现 D/A 转换，还需要与运算放大器配合使用，电路如图 10-22(b)所示。

（2）DAC0832 集成 A/D 转换器

DAC0832 是一个 8 位 D/A 转换器芯片，单电源供电，从＋5V～＋15V 均可正常工作，基准电压的范围为±10V，电流建立时间为 $1\mu s$，CMOS 工艺，低功耗 20mW。其内部结构如图 10-23 所示，它由 1 个 8 位输入寄存器、1 个 8 位 DAC 寄存器和 1 个 8 位 D/A 转换器组成。引脚排列如图 10-24 所示。

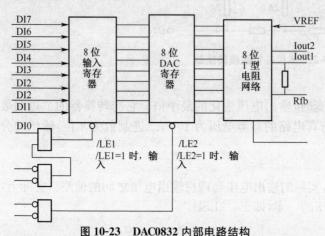

图 10-23 DAC0832 内部电路结构

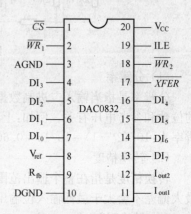

图 10-24 DAC0832 引脚

1）DAC0832 引脚说明。

• 数字量输入线。

DI7～DI0：待转换的 8 位数据输入线，通常与微机的数据总线连接。其中 DI7 为最高位，DI0 为最低位。

• 控制线 5 条。

/CS：片选线，低电平有效。

ILE：允许数字量输入线，高电平时允许 DI7～DI0 数据进入输入寄存器。

/XFER：为传送 DAC 寄存器控制输入线，低电平有效。

/WR1、/WR2：两条写入命令输入线。当条件具备（ILE＝1，/CS＝0，/WR＝0）时，M1 与门输出"1"电平，数据进入输入寄存器。若上述其中的一个条件不具备时，M1 输出变低电平，输入数据锁存器与输入的数据断开并锁存上次的数据。/WR2 用来控制 D/A 转换的时间，如果/XFER、/WR2 同时＝0，M3＝1 则 DAC 寄存器跟随输入的数据一并送入 D/A 电路进行转换，否则，M3＝0，电平锁存器将数据锁存。

• 输出线 3 条。

Rfb：为运算放大器的反馈端，通常与放大器的输出相连。

Iout1、Iout2：两条模拟电流输出线，通常与放大器的输入线相连。

• 电源线 4 条。

Vcc：电源输入线。在＋5V～＋15V 范围内。

VREF:参考电压输入线。在−10V～+10V 范围内,由基准电压源提供。

DGND:为数字电路的地线。

AGND:为模拟电路的地线。

2) DAC0832 工作方式。DAC0832 利用 $\overline{WR_1}$、$\overline{WR_2}$、ILE、$\overline{XFER}$ 控制信号,可以构成两种不同的工作方式。

• 单缓冲与直通方式。在不需要双缓冲的场合,为了提高数据通过率,可采用这两种方式。例如,当 $\overline{CS}=\overline{WR_2}=\overline{XRER}=0$,ILE=1 时,DAC 寄存器就处于"透明"状态,即直通工作方式。当 $\overline{WR_1}=1$ 时,数据锁存,模拟输出不变;当 $\overline{WR_1}=0$ 时,模拟输出更新,这被称为单缓冲工作方式。又假如 $\overline{CS}=\overline{WR_2}=\overline{XREF}=\overline{WR_1}=0$,ILE=1,此时两个寄存器都处于直通状态,模拟输出能够快速反应输入数码的变化。单缓冲方式就是使 DAC0832 的两个输入寄存器中有一个(多位 DAC 寄存器)处于直通方式,而另一个处于受控锁存方式。在实际应用中,如果只有一路模拟量输出,或是虽多路模拟量输出但并不要求输出同步的情况下,就可采用单缓冲方式。单缓冲方式连接如图 10-25 所示。

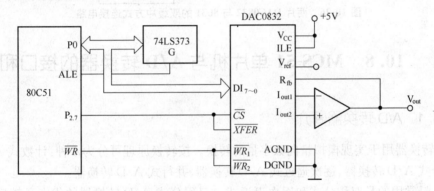

图 10-25　DAC0832 单缓冲方式连接

• 双缓冲方式。DAC0832 包含输入寄存器和 DAC 寄存器两个数字寄存器,因此,称为双缓冲。即数据在进入倒 T 型电阻网络之前,经过两个独立控制的寄存器。在一个系统中,任何一个 DAC 都可以同时保留两组数据,双缓冲允许在系统中使用任何数目的 DAC。在多路 D/A 转换的情况下,若要求同步转换输出,必须采用双缓冲方式。DAC0832 采用双缓冲方式时,数字量的输入锁存和 D/A 转换输出是分两步进行的:CPU 分时向各路 D/A 转换器输入要转换的数字量,并锁存在各自的输入寄存器中;CPU 对所有的 D/A 转换器发出控制信号,使各路输入寄存器中的数据进入 DAC 寄存器,实现同步转换输出。

图 10-26 为两片 DAC0832 与 8031 的双缓冲方式连接电路,能实现两路同步输出。图中两片 DAC0832 的数据线都连到 8031 的 P0 口,ALE 固定接高电平,WR1、WR2 都接到 8031 的 WR 端,CS 分别接高位地址 P2.5 和 P2.6,这样两片 DAC0832 的输入寄存器具有不同的地址,可以分别输入不同的数据;XFEF 都接到 P2.7,使两片 DAC0832 的 DAC 寄存器具有相同的地址,以便在 CPU 控制下同步进行 D/A 转换和输出。

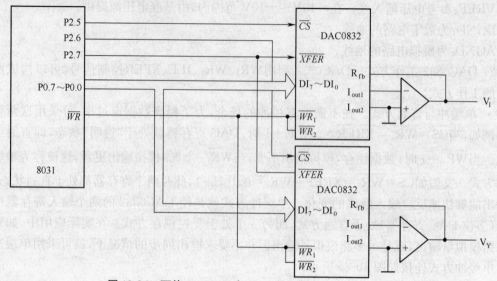

图 10-26   两片 DAC0832 与 8031 的双缓冲方式连接电路

10. 8   MCS-51 单片机与 A/D 转换器的接口和应用

10. 8. 1   A/D 转换器简介

A/D 转换器用于实现模拟量向数字量的转换。按转换原理可分为 4 种:计数式 A/D 转换器、双积分式 A/D 转换器、逐次逼近式 A/D 转换器、并行式 A/D 转换器。

目前,最常用的是双积分式和逐次逼近式。双积分式 A/D 转换器的优点是转换精度高,抗干扰性能好,价格便宜;但转换速度较慢。因此,这种转换器主要用于速度要求不高的场合。逐次逼近式 A/D 转换器是一种速度较快、精度较高的转换器,其转换时间大约在几微秒到几百微秒之间。逐次逼近式 A/D 转换器有:

ADC0801~ADC0805 型 8 位 MOS 型 A/D 转换器;

ADC0808/0809 型 8 位 MOS 型 A/D 转换器;

ADC0816/0817 型 8 位 MOS 型 A/D 转换器。

1. 典型 A/D 转换器芯片 ADC0809

8 路模拟信号的分时采集,片内有 8 路模拟选通开关,以及相应的通道抵制锁存用译码电路,其转换时间为 $100\mu s$ 左右。

(1) ADC0809 的内部逻辑结构

ADC0809 的内部逻辑结构图如图 10-27 所示。ADC0809 引脚图如图 10-28 所示。

图中多路开关可选通 8 个模拟通道,允许 8 路模拟量分时输入,共用一个 A/D 转换器进行转换,这是一种经济的多路数据采集方法。地址锁存与译码电路完成对 A、B、C 3 个地址位的锁存和译码,其译码输出用于通道选择,其转换结果通过三态输出锁存器存放、输出,因此,可

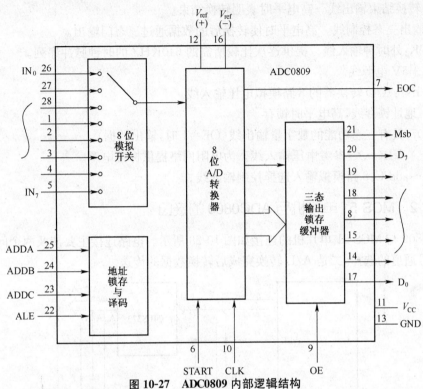

图 10-27　ADC0809 内部逻辑结构

以直接与系统数据总线相连,表 10-7 为通道选择表。

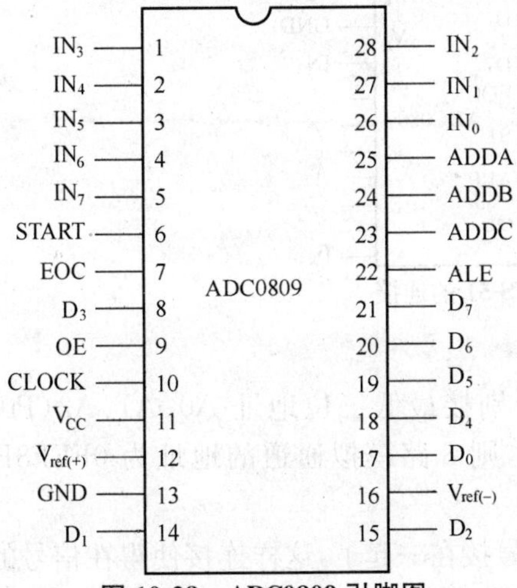

表 10-7　通道选择表

C	B	A	被选择的通道
0	0	0	IN0
0	0	1	IN1
0	1	0	IN2
0	1	1	IN3
1	0	0	IN4
1	0	1	IN5
1	1	0	IN6
1	1	1	IN7

图 10-28　ADC0809 引脚图

(2) 信号引脚

ADC0809 主要引脚的功能说明:

START:启动脉冲输入线。正脉冲宽度要大于 100ns。

EOC:转换结束输出线。高电平时表明转换结束。

OE :输出三态控制线。高电平时使转换后的数据通过三态门输出。

CLOCK:外时钟输入线。提供逐次比较所需的 640KHZ 的时钟脉冲序列。

VCC:+5V 电源线。

IN0~IN7:A/D 转换器的 8 路模拟电压输入线。

ALE：地址锁存线,高电平时锁存。

D0~D7:具有三态功能的数字量输出线(OE＝1 时,输出数据)。

VR(＋)、VR(－):参考电压输入线。为电阻网络提供标准电源。

add A~add C:8 路模拟输入选择控制输入线。

10. 8. 2   MCS-51 单片机与 ADC0809 的接口

ADC0809 与 MCS-51 单片机的连接如图 10-29 所示。电路连接主要涉及两个问题:一是8路模拟信号通道的选择,二是 A/D 转换完成后转换数据的传送。

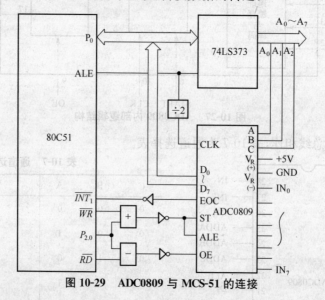

图 10-29   ADC0809 与 MCS-51 的连接

1.8 路模拟通道选择

如图 10-30 所示,模拟通道选择信号 A、B、C 分别接最低三位地址 A0、A1、A2(P0.0、P0.1、P0.2),地址锁存允许信号 ALE 由 P2.0 控制,则 8 路模拟通道的地址为 0FEF8H~0FEFFH。此外,通道地址选择以作写选通信号。

从图 10-30 中可以看到,ALE 信号与 START 信号接在一起了,这样连接使得在信号的前沿写入(锁存)通道地址时,紧接着在其后沿就启动转换。启动 A/D 转换只需要一条 MOVX 指令。在此之前,要将 P2.0 清零,并将最低三位与所选择的通道相对应的口地址送入数据指针 DPTR 中。

【实例 87】   ADC0809 接口实例

80C51 和 ADC0809 接口方式如图 10-29 所示。

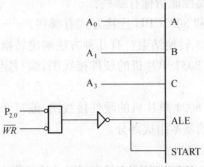

图 10-30　ADC0809 的部分信号连接

2. 转换数据的传送

A/D 转换后得到的数据应及时传送给单片机进行处理。数据传送的关键是确认转换完成,才能进行传送。为此可采用下述三种方式。

(1)定时传送方式

对于一种 A/D 转换器来说,转换时间作为一项技术指标是已知的和固定的。例如:ADC0809 转换时间为 $120\mu s$,可以设计一个延时子程序,A/D 转换启动后立即调用此子程序,延迟时间一到,确认转换已经完成再进行数据传送。

(2)查询方式

A/D 转换芯片由表明转换完成的状态信号来确定,例如:ADC0809 的 EOC 端。因此,可以用查询方式,测试 EOC 的状态,即可确定转换是否完成,并接着进行数据传送。

(3)中断方式

把表明转换完成的状态信号(EOC)作为中断请求信号,以中断方式进行数据传送。不管使用上述那种方式,只要一旦确定转换完成,即可通过指令进行数据传送。首先送出口地址并且信号有效时,OE 信号即有效,把转换数据送上数据总线。不管使用上述那种方式,只要一旦确认转换结束,便可通过指令进行数据传送。

【实例 88】 转换数据读取实例

　　　DPTR = 0xFE00

　　　Temp=&DPTR

该指令在送出有效口地址的同时,发出 RD 有效信号,使 DAC0809 的输出允许信号 OE 有效,从而打开三态门输出,使转换后的数据通过数据总线送入 A 累加器中。这里需要说明的是,ADC0809 的三个地址端 A、B、如前所述 C 既可与地址线相连,也可与数据线相连,例如:与 D0~D2 相连。这时启动 A/D 转换的指令与上述类似,只不过 A 的内容不能为任意数,而必须和所选输入通道号 IN0~IN7 相一致。

习题

10-1　D/A 转换器与 A/D 转换器的功能是什么? 有什么区别?

10-2 D/A 转换器的主要性能指标有哪些？

10-3 说明 D/A 转换器和 8031CPU 连接方式有哪些。

10-4 如何确定 ADC0809 转换结束？有几种方法解决转换时间的问题？

10-5 画出 ADC0809 与 8031 单片机的硬件接线图,编写定时器方式 8 路采集程序(查询法)。

10-6 画出 DAC0832 与 8031 单片机的硬件接线图,编写产生锯齿、梯形波、方波的程序。

10-7 说明 8255A 芯片的基本组成部分。

10-8 8255A 芯片有几个端口？

10-9 设 8255A 的 PA 工作在基本输入状态,PB、PC 工作在基本输出状态,设控制字寄存器地址为 8003H,写出 8255A 的初始化程序程序。

10-10 8155 内部包含哪些可用资源？其端口和 RAM 是如何来区分的？

10-11 说明 8155 芯片和 8255A 芯片的区别。

10-12 若要显示"F",共阴极数码管公共端和笔画端应该如何设置？

10-13 多位数码管显示电路分几种形式？并说明其区别。

10-14 数码管显示接口电路设计时,根据笔画端的设计,可以有哪两种方案？

## 第 11 章

综合开发实例

【实例89】 键盘接收实例

键盘接收实例电路如图 11-1 所示。4 * 4 键盘接收口占用 P3 口的 8 位,行列由 P3 口高低 4 位控制。

独立键盘程序

```c
#include <reg51.h>
sbit key1 = P3^0;//定义按键位置
sbit key2 = P3^1;
sbit key3 = P3^2;
sbit key4 = P3^3;
void delay(unsigned int cnt)
{
while( - -cnt);
}
main()
{
  P2 = 0x00;//
while(1)
    {
    if(! key1)     //按下相应的按键,数码管显示相应的码值
    P0 = 0x06;   //数码管显示"1"
  if(! key2)
    P0 = 0x5B;     //2
  if(! key3)
    P0 = 0x4F;   //3
  if(! key4)
    P0 = 0x66;//4
    }
}//如果有干扰请加去抖程序
```

【实例90】 动态显示实例

动态显示驱动:数码管动态显示接口是单片机中应用最为广泛的显示方式之一,动态驱动是将所有数码管的 8 个显示笔划"a,b,c,d,e,f,g,dp"的同名端连在一起。另外,为每个数码

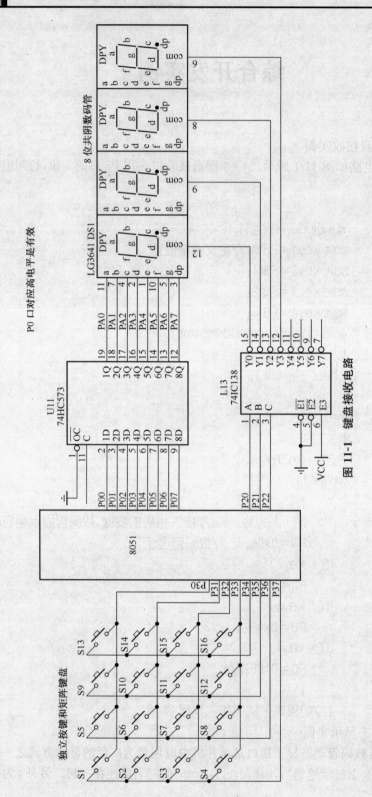

图 11-1　键盘接收电路

管的公共极 COM 增加位选通控制电路,位选通由各自独立的 I/O 线控制。当单片机输出字形码时,所有数码管都接收到相同的字形码,但究竟是哪个数码管会显示出字形,取决于单片机对位选通 COM 端电路的控制。所以,我们只要将需要显示的数码管的选通控制打开,该位就显示出字形,没有选通的数码管就不会亮。通过分时轮流控制各个数码管的 COM 端,就使各个数码管轮流受控显示,这就是动态驱动。在轮流显示过程中,每位数码管的点亮时间为 1～2ms,由于人的视觉暂留现象以及发光二极管的余辉效应,尽管实际上各位数码管并非同时点亮,但只要扫描的速度足够快,给人的印象就是一组稳定的显示数据,不会有闪烁感。动态显示的效果和静态显示是一样的,能够节省大量的 I/O 端口,并且功耗更低。

动态显示电路如图 11-1 所示。

```c
#include <reg52.h>
unsigned char const dofly[]={0x3f,0x06,0x5b,0x4f,0x66,0x6d,0x7d,0x07,0x7f,
0x6f};// 显示段码值 01234567
unsigned char code seg[]={0,1,2,3,4,5,6,7};//分别对应相应的数码管点亮
void delay(unsigned int cnt)
{
while(- -cnt);
}
main()
{
unsigned char i;
while(1)
    {
     P0=dofly[i];//取显示数据
    P2=seg[i];  //取段码
    delay(200); //扫描间隙延时
    i++;
    if(8==i)    //检测 8 位扫描完全?
      i=0;
    }
}
```

【实例 91】　加一显示实例

加一显示电路如图 11-2 所示。当程序正常运行时,每按动一下 KEY1 按键,就可以通过 LED1～LED8 显示出"加一"的效果。

【采用 C 语言编程的参考程序】

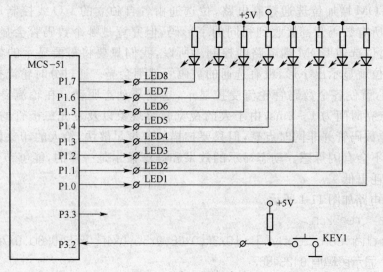

图 11-2 加一显示电路

```c
#include "reg51. h"
unsigned char i,j, temp = 0x00,temx = 0x00;
sbit P3_2 = P3^2;
sbit P3_3 = P3^3;
void deley();
main()
{
        EA = 1;
        EX0 = 1;
        TCON = 0x00;
        temp = ~temp;
        while(1)
        {    P1 = temp;
             P3_3 = 0;
             deley();
        }
}
void int0() interrupt 0 using 0
{
        deley();
        P3_3 = 1;
        temx++;
        temp = temx;
        temp = ~temp;
```

```
        P1 = temp;
        while(P3_2! = 1);
        deley();
}
void deley()
{for(i = 0;i<100;i++)
        for(j = 0;j<100;j++);
}
```

【实例 92】　简易电子琴实例

电子琴电路如图 11-3 所示,每次给扬声器一个不同频率的脉冲信号就会产生不同的音调。其中,利用定时器产生 8 个音阶方波频率的定时参数(定时初值),为了简化程序结构,发音部分采用子程序结构,入口参数 R7、R6 装载定时的初值。音阶、频率、同期及定时器初值对应见表 11-1。

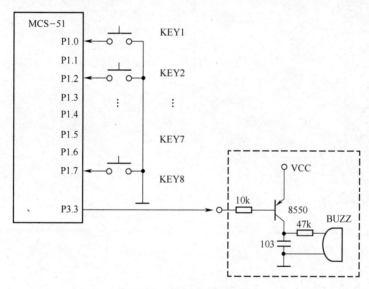

图 11-3　模拟电子琴电路

主程序分成部分:

1)初始化部分:设定定时器的工作方式、工作模式,并启动 T1。

2)键值判断过程,读 P1 到 A,将 A 取反后获取键值,确定每一个按键的发音初值。设计流程如图 11-4 所示。

表 11-1　音阶、频率、周期及定时器初值对应表

音阶 (C4 大调)	对应的频率(HZ)	周期/半周期(微秒)	定时器初值 十进制/十六进制	对应按键 和取反后得到的键值
1(do)	262	3817 / 1908	63777 / F921H	KEY1 / 01H
2(ra)	294	3401 / 1701	63968 / F9E0H	KEY2 / 02H
3(mi)	330	3030 / 1515	64139 / FA8BH	KEY3 / 04H

续表 11-1

音阶 (C4 大调)	对应的频率(HZ)	周期/半周期(微秒)	定时器初值 十进制/十六进制	对应按键 和取反后得到的键值
4(fa)	349	2865 / 1433	64215 / FAD7H	KEY4 / 08H
5(so)	392	2551 / 1276	64360 / FB67H	KEY5 / 10H
6(la)	440	2273 / 1136	64489 / FBE8H	KEY6 / 20H
7(xi)	494	2024 / 1012	64603 / FC5BH	KEY7 / 40H
1(do) 高音	523	1912 / 0956	64655 / FC8EH	KEY8 / 80H

【采用 C 语言编制的 7 音节参考程序】

```c
#include "reg51.h"
unsigned char i,j,temp;
sbit P3_3 = P3^3;
void    DO();
void    RA();
void    MI();
void    FA();
void    SO();
void    LA();
void    XI();
void    HDO();
void    MUSIC();
main()
{
        IE = 0;
        TMOD = 0x10;
        TR1 = 1;
        while(1)
    {
        do
    {  P1 = 0xff;
    temp = P1;
    temp = ~temp;
    }
        while(temp = = 0x00);
        switch(temp)
    {  case 0x01 :DO();break;
```

```
        case 0x02 :RA();break;
        case 0x04 :MI();break;
        case 0x08 :FA();break;
        case 0x10 :SO();break;
        case 0x20 :LA();break;
        case 0x40 :XI();break;
        default   :HDO();break;
        }
     MUSIC();
   }
}
void    DO()
{ i = 0x21;
  j = 0xf9;
}
void    RA()
{ i = 0xe0;
  j = 0xf9;
}
void    MI()
{ i = 0x8b;
  j = 0xfa;
}
void    FA()
{ i = 0xd7;
  j = 0xfa;
}
void    SO()
{ i = 0x67;
  j = 0xfb;
}
void    LA()
{ i = 0xe8;
  j = 0xfb;
}
void    XI()
{ i = 0x5b;
```

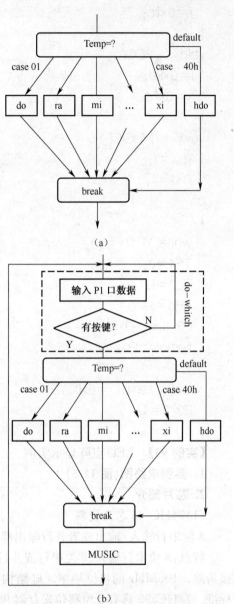

图 11-4 switch 多分支流和程序流程图

(a)switch 多分支流   (b)程序流程图

```
      j = 0xfc;
   }
   void    HDO()
   { i = 0x8e;
      j = 0xfc;
   }
   void    MUSIC()
   { TL1 = i;
      TH1 = j;
   do
   {
      while(TF1! = 1);
      TF1 = 0;
      TL1 = i;
      TH1 = j;
      P3_3 = ~P3_3;
      temp = ~P1;
      }
      while(temp! = 0x00);
      P3_3 = 1;
   }
```

【实例 93】 LED 点阵显示实例

1. 实例电路图(图 11-5)

2. 芯片简介

(1)74HC595 芯片资料

8 位串行输入/输出或者并行输出移位寄存器,具有高阻关断状态。

特点:8 位串行输入、8 位串行或并行输出。存储状态寄存器三种状态,输出寄存器可以直接清除。100MHz 的移位频率。硅结构的 CMOS 器件,兼容低电压 TTL 电路,遵守 JEDEC 标准。74HC595 具有 8 位移位寄存器和一个存储器,三态输出功能。移位寄存器和存储器是分别的时钟。数据在 SHCP 的上升沿输入,在 STCP 的上升沿进入到存储寄存器中去。如果两个时钟连在一起,则移位寄存器总是比存储寄存器早一个脉冲。当使能 OE 时(为低电平),存储寄存器的数据输出到总线。引脚说明如表 11-2 所示。引脚功能如表 11-3 所示。

(2)74HC154 简介

74HC154 是一款高速 CMOS 器件,其引脚兼容低功耗肖特基 TTL(LSTTL)系列。

74HC154 译码器可接受 4 位高有效二进制地址输入,并提供 16 个互斥的低有效输出。74HC154 的两个输入使能门电路可用于译码器选通,以消除输出端上的通常译码"假信号",也可用于译码器扩展。该使能门电路包含两个"逻辑与"输入,必须置为低,以便使能输出端。任

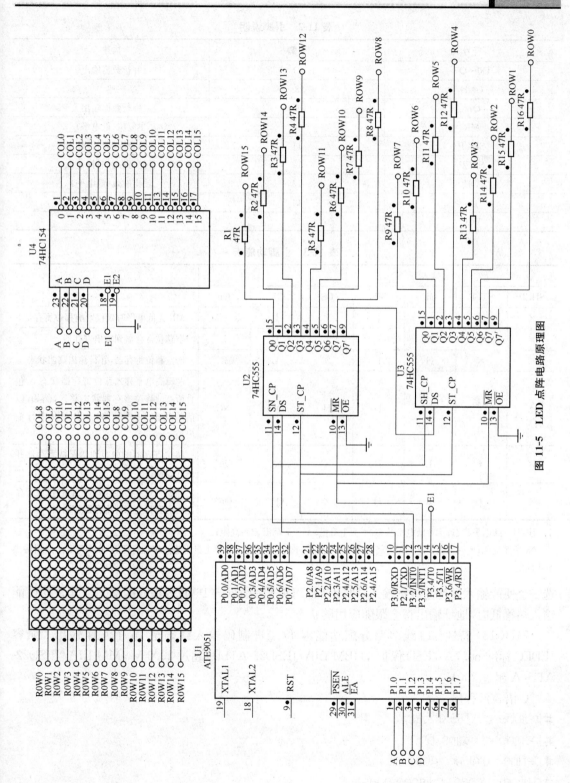

图 11-5　LED 点阵电路原理图

表 11-2　引脚说明

符号	引脚	描述
Q0···Q7	15，1，7	并行数据输出
GND	8	地
Q7'	9	串行数据输出
MR	10	主复位（低电平）
SHCP	11	移位寄存器时钟输入
STCP	12	存储寄存器时钟输入
OE	13	输出有效（低电平）
DS	14	串行数据输入
VCC	16	电源

表 11-3　引脚功能表

输入					输出		功能
SHCP	STCP	OE	MR	DS	Q7'	Qn	
×	×	L	↓	×	L	NC	MR 为低电平时仅仅影响移位寄存器
×	↑	L	L	×	L	L	空移位寄存器到输出寄存器
×	×	H	L	×	L	Z	清空移位寄存器，并行输出高阻状态
↑	×	L	H	H	Q6'	NC	逻辑高电平移入移位寄存器状态 0，包含所有的移位寄存器状态移入，例如，以前的状态 6（内部 Q6'）出现在串行输出位
×	↑	L	H	×	NC	Qn'	移位寄存器的内容到达保持寄存器并从并口输出
↑	↑	L	H	×	Q6'	Qn'	移位寄存器内容移入，先前的移位寄存器的内容到达保持寄存器并输出。

注：H＝高电平状态；L＝低电平状态；↑＝上升沿；↓＝下降沿；Z＝高阻；

NC＝无变化；×＝无效。当 MR 为高电平，OE 为低电平时，数据在 SHCP 上升沿进入移位寄存器，在 STCP 上升沿输出到并行端口。

选一个使能输入端作为数据输入，74HC154 可充当一个 1～16 的多路分配器。当其余的使能输入端置低时，地址输出将会跟随应用的状态。

74HC154 特性：16线多路分配功能，4 位二进制码输入译码至 16 个互斥输出，兼容 JEDEC 标准 no.7A，ESD 保护，HBM EIA/JESD22-A114D 超过 2000 V，MM EIA/JESD22-A115-A 超过 200V。

C 语言源程序

```
# include <AT89X52. H>
# include <intrins. h>
# define   uint unsigned int
# define   uchar unsigned char
```

```
#define   BLKN 2    /* 列存储器数,表示 8 * 8led 组合的行数 */
sbit E1  = P3^4;//74HC154(18) - E1 为 0 开列(col)输出　显示允许控制信号端口
sbit ST_CP = P3^2;//74HC595(12) - ST_CP 上升沿 - - 移位寄存器的数据进入数据存储寄
存器 输出锁存器的时钟信号端口
sbit MR  = P3^3; //74HC595(10) - MR 为 0 将移位寄存器的数据清零
void delay(unsigned int);   //延时函数
uchar data dispram[32];   //显示缓存
uchar code bmp[][32] = {//字模表
//{
//0x00,0x00,0x00,0x00,0x00,0x00,0x00,0x00,0x00,0x00,0x00,0x00,0x00,0x00,0x00,0x00,//" "
//0x00,0x00,0x00,0x00,0x00,0x00,0x00,0x00,0x00,0x00,0x00,0x00,0x00,0x00,0x00,0x00,//},
{
/* -- 文字: 辽 -- */
/* -- 宋体 12; 此字体下对应的点阵为:宽 x 高 = 16x16 -- */
0x40,0x00,0x27,0xFC,0x30,0x08,0x20,0x10,0x00,0xA0,0x00,0x40,0xE0,0x40,0x20,0x40,
0x20,0x40,0x20,0x40,0x20,0x40,0x23,0xC0,0x20,0x80,0x58,0x00,0x87,0xFE,0x00,0x00
},{
/* -- 文字: 宁 -- */
/* -- 宋体 12; 此字体下对应的点阵为:宽 x 高 = 16x16 -- */
0x02,0x00,0x01,0x04,0x3F,0xFE,0x20,0x04,0x40,0x08,0x00,0x00,0x00,0x00,0x7F,0xFC,
0x01,0x00,0x01,0x00,0x01,0x00,0x01,0x00,0x01,0x00,0x01,0x00,0x05,0x00,0x02,0x00
},{/* -- 文字: 工 -- */
/* -- 宋体 12; 此字体下对应的点阵为:宽 x 高 = 16x16 -- */
0x00,0x00,0x3F,0xFC,0x01,0x00,0x01,0x00,0x01,0x00,0x01,0x00,0x01,0x00,0x01,0x00,
0x01,0x00,0x01,0x00,0x01,0x00,0x01,0x00,0x01,0x00,0xFF,0xFE,0x00,0x00,0x00,0x00
},{/* -- 文字: 程 -- */
/* -- 宋体 12; 此字体下对应的点阵为:宽 x 高 = 16x16 -- */
0x0D,0xF8,0x71,0x08,0x11,0x08,0x11,0x08,0xFD,0x08,0x11,0xF8,0x30,0x00,0x3B,0xFC,
0x54,0x40,0x50,0x40,0x93,0xFC,0x10,0x40,0x10,0x40,0x10,0x40,0x17,0xFE,0x10,0x00
},{/* -- 文字: 技 -- */
/* -- 宋体 12; 此字体下对应的点阵为:宽 x 高 = 16x16 -- */
0x10,0x20,0x10,0x20,0x10,0x20,0xFD,0xFE,0x10,0x20,0x14,0x20,0x19,0xFC,0x31,0x08,
0xD0,0x88,0x10,0x90,0x10,0x60,0x10,0x60,0x10,0x90,0x11,0x0E,0x56,0x04,0x20,0x00
},{/* -- 文字: 术 -- */
/* -- 宋体 12; 此字体下对应的点阵为:宽 x 高 = 16x16 -- */
0x01,0x00,0x01,0x20,0x01,0x10,0x01,0x00,0xFF,0xFE,0x01,0x00,0x03,0x80,0x05,0x40,
0x05,0x20,0x09,0x10,0x11,0x18,0x21,0x0E,0xC1,0x04,0x01,0x00,0x01,0x00,0x00,0x00},
```

```
{/*--  文字:  大  --*/
/*--  宋体 12;  此字体下对应的点阵为:宽 × 高 = 16x16    --*/
0x01,0x00,0x01,0x00,0x01,0x00,0x01,0x00,0x01,0x00,0xFF,0xFE,0x01,0x00,0x02,0x80,
0x02,0x80,0x02,0x40,0x04,0x40,0x04,0x20,0x08,0x10,0x10,0x18,0x20,0x0E,0x40,0x04},
{/*--  文字:  学  --*/
/*--  宋体 12;  此字体下对应的点阵为:宽 × 高 = 16x16    --*/
0x01,0x08,0x10,0x8C,0x0C,0xC8,0x08,0x90,0x7F,0xFE,0x40,0x04,0x8F,0xE8,0x00,0x40,
0x00,0x80,0x7F,0xFE,0x00,0x80,0x00,0x80,0x00,0x80,0x00,0x80,0x02,0x80,0x01,0x00},
{/*--  文字:  职  --*/
/*--  宋体 12;  此字体下对应的点阵为:宽 × 高 = 16x16    --*/
0x00,0x00,0xFE,0xFC,0x24,0x84,0x24,0x84,0x3C,0x84,0x24,0x84,0x24,0x84,0x3C,0xFC,
0x24,0x84,0x24,0x00,0x27,0x48,0x3C,0x64,0xC4,0x42,0x04,0x82,0x05,0x00,0x04,0x00},
{/*--  文字:  业  --*/
/*--  宋体 12;  此字体下对应的点阵为:宽 × 高 = 16x16    --*/
0x04,0x40,0x04,0x40,0x04,0x40,0x04,0x44,0x44,0x46,0x24,0x4C,0x24,0x48,0x14,0x50,
0x1C,0x50,0x14,0x60,0x04,0x40,0x04,0x40,0x04,0x44,0xFF,0xFE,0x00,0x00,0x00,0x00},
{/*--  文字:  技  --*/
/*--  宋体 12;  此字体下对应的点阵为:宽 × 高 = 16x16    --*/
0x10,0x20,0x10,0x20,0x10,0x20,0xFD,0xFE,0x10,0x20,0x14,0x20,0x19,0xFC,0x31,0x08,
0xD0,0x88,0x10,0x90,0x10,0x60,0x10,0x60,0x10,0x90,0x11,0x0E,0x56,0x04,0x20,0x00},
{/*--  文字:  术  --*/
/*--  宋体 12;  此字体下对应的点阵为:宽 × 高 = 16x16    --*/
0x01,0x00,0x01,0x20,0x01,0x10,0x01,0x00,0xFF,0xFE,0x01,0x00,0x03,0x80,0x05,0x40,
0x05,0x20,0x09,0x10,0x11,0x18,0x21,0x0E,0xC1,0x04,0x01,0x00,0x01,0x00,0x00,0x00},
{/*--  文字:  学  --*/
/*--  宋体 12;  此字体下对应的点阵为:宽 × 高 = 16x16    --*/
0x01,0x08,0x10,0x8C,0x0C,0xC8,0x08,0x90,0x7F,0xFE,0x40,0x04,0x8F,0xE8,0x00,0x40,
0x00,0x80,0x7F,0xFE,0x00,0x80,0x00,0x80,0x00,0x80,0x00,0x80,0x02,0x80,0x01,0x00},
{/*--  文字:  院  --*/
/*--  宋体 12;  此字体下对应的点阵为:宽 × 高 = 16x16    --*/
0x00,0x80,0xF8,0x40,0x8F,0xFE,0x94,0x04,0xA0,0x00,0xA3,0xF8,0x90,0x00,0x88,0x00,
0x8F,0xFE,0xA9,0x20,0x91,0x20,0x81,0x20,0x82,0x22,0x82,0x22,0x84,0x22,0x88,0x1E}};
void main( )
{
    uchar num,cur,tmp,nums = sizeof(bmp)/32;     //num:当前显示的文字块指针
                                                 //cur:当前文字块的断码指针(bmp)
                                                 //tmp:临时变量
```

```
                                    //nums:总文字块数
    SCON = 0x00;//串口工作模式 0;移位寄存器方式
    TMOD = 0x01;//定时器 T0 工作方式 1;16 位方式
    TR0  = 1;   //T1
    P1   = 0x3f;//
    IE   = 0x82;//中断允许设置
    while(1)
    {
        delay(1000);            //2 种效果之间的停顿
//      for(tmp=0;tmp<1;tmp++)          //让卷动效果只显示一次
        {
            //delay(2000);      //延时 2s 一条标语滚动一次前的延时时间
            delay(100);
            for(num=0;num<nums;num++)
            {
                for(cur=0;cur<32;cur++)//显示效果:卷帘出
                {
                    dispram[cur]=bmp[num][cur];
                    if((cur % 2)==1)
                        delay(100);
                }
                delay(100);
            }
        }
        delay(1000);            //2 种效果之间的停顿
//      for(tmp=0;tmp<1;tmp++)              //让卷动效果只显示一次
        {
        //delay(2000);//延时 2s 一条标语滚动一次前的延时时间
        delay(100);
        for(num=0;num<nums;num++)
        {
        for(cur=31;cur<0xff;cur--)//显示效果:卷帘入当 cur 为 0 时,再循环一次就
        为 0xff
            {
                dispram[cur]=bmp[num][cur];
                if((cur % 2)==0)
                    delay(100);
```

```
            }
              delay(100);
          }
        }
      }
}
///////延时函数
void delay(uint dt)
{
    uchar bt;
    for(;dt;dt− −)
        for(bt=0;bt<255;bt++);
}
/////////显示屏扫描(定时器 T0 中断)函数
void leddisplay(void) interrupt 1 using 1
{
    static uchar col=0;
    TH0 = 0xF8;          //设定显示屏刷新率 62.5 帧/S
    TL0 = 0x30;
    MR=0;        //清理行输出,将移位寄存器的数据清零
    MR=1;
    SBUF = dispram[col*2];//送显示数据
    while(TI= =0);        //等待发送完毕
    T1 = 0;
    SBUF = dispram[col*2+1];      //送显示数据
    while(TI= =0);    //等待发送完毕
    T1 = 0;
    E1 = 1;      //消隐(关闭显示)
    P1 = 0xF0;      //行号端口清零多余两行,但是去掉后不行
    P1 = 0xF0;      //行号端口清零
    E1 = 0;        //打开显示
    ST_CP =1;    //显示数据打入输出锁存器
    ST_CP = 0;    //锁存显示数据
    P1 = col;      //写入行号
    col=(col+1)%16;
    }
```

【实例 94】 直流电机调速实例

在许多新型号的单片机中,其内部已经设计有 PWM 模块电路,对应着"周期寄存器"和"脉宽寄存器",编程者只要根据需要及时地修改"脉宽寄存器"中的参数,就可以实现对 PWM 输出的脉宽控制。在这类单片机中,PWM 模块电路实际上就是通过专用的定时/计数器来实现的。选择 T0 作为周期寄存器、T1 作脉宽寄存器。设定 T0、T1 都是定时方式、模式 2(8 位初值自动重装模式)以简化程序。其中,T0(周期寄存器)初值为 00H(最大 256),而 T1(脉宽寄存器)的初值根据需要随时调节,如图 11-6 所示。

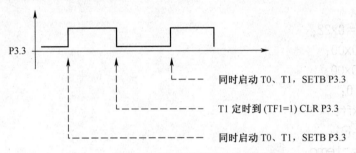

图 11-6 使用 T0、T1 实现 PWM 功能示意图

PWM 输出控制直流电机调速电路如图 11-7 所示。从 P1 口读取与定时相关的数据产生对应的 PWM 波形,利用 B6 区的 PWM 电压转换电路(积分器),实现对直流电机的驱动。

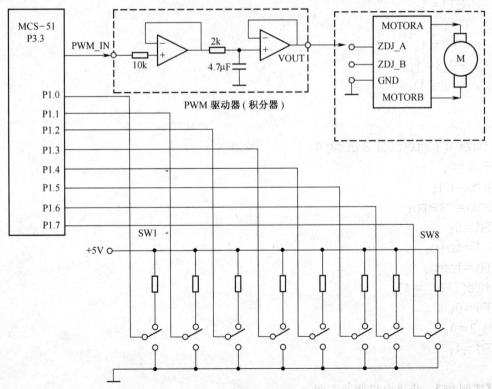

图 11-7 直流电机调速电路

【采用 C 语言编写的参考程序】

```c
#include "reg51.h"
#include "stdio.h"
unsigned char temp;
sbit P3_3 = P3^3;
main()
{
        TMOD = 0x22;
        TL0 = 0x00;
        TH0 = 0x00;
        P3_3 = 0;
        P1 = 0xff;
        temp = P1;
        temp = ~temp;
        TL1 = temp;
        TH1 = temp;
        EA = 1;
        ET1 = 1;
        TR0 = 1;
        TR1 = 1;
        P3_3 = 1;
        while(1);
}

void timer1() interrupt 3 using 0
{   P3_3 = 0;
    temp = P1;
    temp = ~temp;
    TR1 = 0;
    TL1 = temp;
    TH1 = temp;
    while(TF0! = 1);
    TF0 = 0;
    P3_3 = 1;
    TR1 = 1;
}
```

【实例 95】 步进电机调速实例

步进电动机是一种将脉冲信号变换成相应的角位移(或线位移)的电磁装置,是一种特殊的电动机。一般电动机都是连续转动的,而步进电动机则有定位和运转两种基本状态。当有脉冲输入时,步进电动机一步一步地转动,每给它一个脉冲信号,它就转过一定的角度。步进电动机的角位移量和输入脉冲的个数严格成正比,在时间上与输入脉冲同步,因此,只要控制输入脉冲的数量、频率及电动机绕组通电的相序,便可获得所需的转角、转速及转动方向。

步进电机有一个技术参数:空载启动频率,即步进电机在空载情况下能够正常启动的脉冲频率。如果脉冲频率高于该值,电机不能正常启动,可能发生丢步或堵转。在有负载的情况下,启动频率应更低。如果要使电机达到高速转动,脉冲频率应该有加速过程,即启动频率较低,然后按一定加速度升到所希望的高频(电机转速从低速升到高速)。另外,步进电机所能产生的最小转角为"最小步距角",不同的电机其参数是不同的。

1)单四拍方式:A→B→ C→D;

2)双四拍方式:AB→ BC→CD→DA;

3)单双八拍方式:A→AB→B→BC→C→CD→D→DA。

步进电机节拍见表 11-4,步进电机调节器调速电路图如图 11-8 所示。

表 11-4　步进电机节拍表

P1.3	P1.2	P1.1	P1.0	节拍	拍控制字
D	C	B	A		
1	0	0	0	D	08H
1	1	0	0	DC	0CH
0	1	0	0	C	04H
0	1	0	0	CB	03H
0	0	1	0	B	02H
0	0	1	1	BA	03H
0	0	0	1	A	01H
1	0	0	1	DA	09H

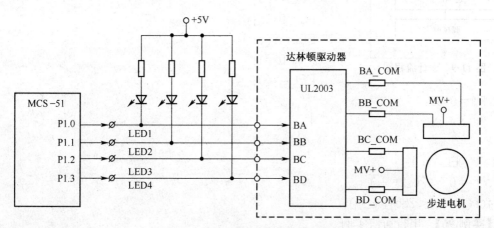

图 11-8　步进电机调节器调速电路图

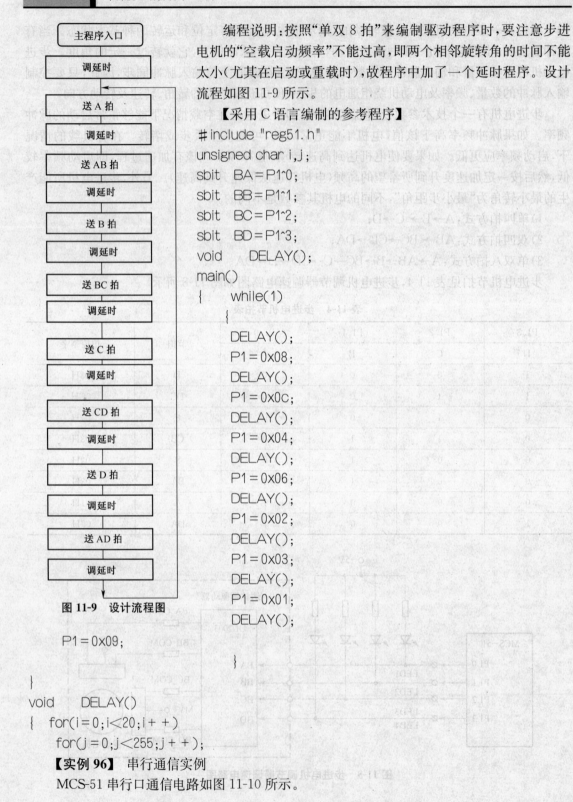

图 11-9 设计流程图

编程说明：按照"单双 8 拍"来编制驱动程序时，要注意步进电机的"空载启动频率"不能过高，即两个相邻旋转角的时间不能太小（尤其在启动或重载时），故程序中加了一个延时程序。设计流程如图 11-9 所示。

【采用 C 语言编制的参考程序】

```c
#include "reg51.h"
unsigned char i,j;
sbit   BA = P1^0;
sbit   BB = P1^1;
sbit   BC = P1^2;
sbit   BD = P1^3;
void   DELAY();
main()
{    while(1)
     {
     DELAY();
     P1 = 0x08;
     DELAY();
     P1 = 0x0c;
     DELAY();
     P1 = 0x04;
     DELAY();
     P1 = 0x06;
     DELAY();
     P1 = 0x02;
     DELAY();
     P1 = 0x03;
     DELAY();
     P1 = 0x01;
     DELAY();
```

```c
     P1 = 0x09;
     }
}
void   DELAY()
{  for(i=0;i<20;i++)
     for(j=0;j<255;j++);
}
```

【实例 96】 串行通信实例

MCS-51 串行口通信电路如图 11-10 所示。

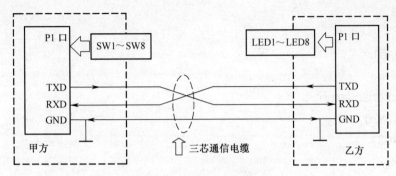

图 11-10 串行通信实例图

1) 发送方 (甲方): 将拨动开关 SW1～SW8 按顺序与 P1.0～P1.7 连接, 用来从 P1 口输入 8 位二进制数, 然后单片机将此数据发送出去;

2) 接收方 (乙方): 将 LED 发光二极管 LED1～LED8 按顺序与 P1 口连接, 显示从串行口接收的数据。

观察接收方的 8 位发光二极管的状态与发送方的拨动开关位置是否一致 (拨动开关向上时, 输出为 "1" 电平, 反之为 "0" 电平), 注意接收方是将收到的数据取反后再输出, 以保证 LED 的显示按照 "正逻辑" 的方式工作。不断改变发送方拨动开关的输入状态, 观察接收方的接收是否正常。

【C 语言的参考程序】

```
//  发送方程序
#include "reg51.h"
main()
{    //unsigned char temp;
     TMOD = 0x20;
     TL1 = 0xe8;
     TH1 = 0xe8;
     PCON = 0x00;
     TR1 = 1;
     SCON = 0x40;
     while(1)
{    P1 = 0xff;
     //temp = P1;
     SBUF = P1;
     while(TI! = 1);
     TI = 0;
}
}
```

// 接收方程序

```c
#include "reg51.h"
main()
{    unsigned char temp;
    TMOD = 0x20;
    TL1 = 0xe8;
    TH1 = 0xe8;
    PCON = 0x00;
    TR1 = 1;
    RI = 0;
    SCON = 0x50;
    while(1)
    {    while(RI! = 1);
        RI = 0;
        temp = SBUF;
        temp = ~temp;
        P1 = temp;
    }
}
```

【实例 97】 ADC 转换实例

1. MCS-51 与 TLC549 的接口实例说明

P1 口与 LED1～LED8 连接起来,作为输出显示(注意:灌电流方式驱动,所以,要将数据取反后再输出显示,以获得"正逻辑"效果),电路如图 11-11 所示。

2. 程序的算法说明

1) TLC549ADC 电路没有启动控制端,只要读走前一次数据后马上就进行新的电压转换,转换完成后就进入保持状态(HOLD)。TLC549 每次转换所需要的时间是 17 微秒,没有转换完成标志信号时,只要采用延时操作即可控制每次读取数据的操作(当然每次读数据的时间应大于 17 微秒)。

2) 根据 TLC549 的工作时序可知:串行数据中 D7 位(MSB)先送出,D0 位(LSB)处于最后输出。在每一次 CLK 的高电平期间,DAT 线上的数据产生有效输出,每出现一次 CLK 在 DAT 线上,就送出一位数据。整个过程共有 8 次 CLK 信号的出现,并对应着 8 个 BIT 的数据输出。

Tsu:片选信号/CS 变低后,CLK 开始正跳变的最小时间间隔($1.4\mu s$);

Ten:从/CS 变低,到 DAT 线上输出数据的最小时间($1.2\mu s$)。整个芯片只有在/CS 端为低电平时才工作。

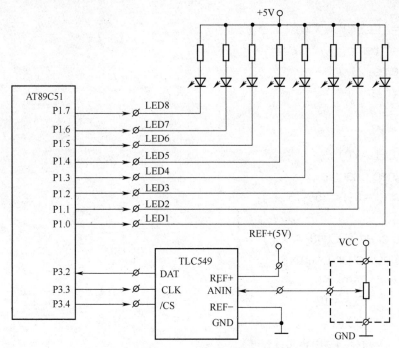

图 11-11　ADC 转换实例电路

3.【提示】可以采用数据滤波的方法

方法之一：采用求平均值的方法。

采集 N 次数据并将其进行累加，再将累加和被 N 来除。例如：设计一个循环程序，在每次循环中对采集的数据进行累加（累加结果为双字节的 16 位数——注意如何实现双字节数据的累加），然后将累加结果被循环次数除（如果是 256 次累加时，可以通过对 16 位数据连续右移 8 次来实现。实际上可以直接读取原来 16 位数据中的高 8 位来简化计算），同时，将原有的单层循环子程序修改为双重循环的延时子程序，以使数据显示更加稳定。

方法之二：采用排序的方法。

采集 N 次数据，将采集到的数据从小到大（或从大到小）排序，舍去两边的数据，再将中间的数据求平均值。

4.【采用 C 语言编写的程序清单】

```
sbit    DAT = P3^2;
sbit    CLK = P3^3;
sbit    CS = P3^4;
void    DELAY();
unsigned char TLC549_ADC();
main()
{     unsigned char temp;
    while(1)
```

```
    {
    temp = TLC549_ADC();
    temp = ~temp;
    P1 = temp;
    DELAY();
    }
}
void     DELAY()
{   unsigned char j;
        for(j = 0;j<255;j + + );
}
unsigned char TLC549_ADC()
{   unsigned char i,temx;
            temx = 0;
            CLK = 0;
            CS = 0;
            for(i = 0;i<8;i + + )
            { CLK = 1;
              if(DAT)
              temx + + ;
              if(i<7)
              temx = temx<<1;
              CLK = 0;
            }
            CS = 1;
            CLK = 1;
            return(temx);
}
```

【实例 98】 DAC 转换实例

1. TLC5620 简介

TLC5620 与控制器之间采用简约的三/四线串行总线,11 位的指令字包括 8 位数字位、2 位 DAC 选择位和 1 位范围选择位。TLC5620 的内部采用双缓冲结构,以便于控制。其引脚如图 11-12 所示,各引脚功能见表 11-15 所示,DAC 转换电路图如图 11-13 所示。

(1)TLC5620 的主要性能

为 4 路 8 位精度的电压输出 DAC;

+5V 单电源工作;

与控制器之间采用同步串行通信,节省控制器的口线资源;

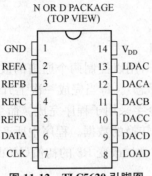

图 11-12 TLC5620 引脚图

表 11-5 TLC5620 引脚功能

引脚序号	定义	I/O	功 能	引脚序号	定义	I/O	功 能
1	GND	I	电源及参考电压地	8	LOAD	I	串口加载控制:在 LOAD 的下降沿时,输入的数据被锁存到输入锁存器
2	REF$_A$	I	第 A 路输入参考电压	9	DAC$_D$	O	第 D 路模拟电压输出
3	REF$_B$	I	第 B 路输入参考电压	10	DAC$_C$	O	第 C 路模拟电压输出
4	REF$_C$	I	第 C 路输入参考电压	11	DAC$_B$	O	第 B 路模拟电压输出
5	REF$_D$	I	第 D 路输入参考电压	12	DAC$_A$	O	第 A 路模拟电压输出
6	DATA	I	串行数据输入线	13	LDAC	I	加载 DAC:当 =1 时,输入的数据无输出更新,只在此脚下降沿时输入锁存器中的数据被锁存到输出锁存器,输出才有数据输出更新
7	CLK	I	同步脉冲,下降沿输入数据写入串行接口	14	VDD	I	正电源输入(+5V)

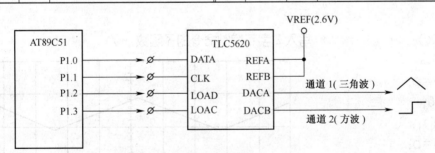

图 11-13 DAC 转换电路图

具有高阻抗的参考电压输入,使系统设计更为容易、简洁;
可编程按参考电压的 1 倍或 2 倍输出 DAC 电压;
采用双缓冲结构,可同时更新多路输出电压;
具有上电复位功能;

采用低功耗设计；

具有 Half-Buffered 输出功能。

(2)TLC5620 引脚与内部结构

编程说明:设定一个计数器 R3,用以控制两个通道的波幅和周期(VOLU),设立一个"上升/下降"标志(初始 00H 为上升标志)。每当完成一次上升或下降后(由 R3 控制),改变一次其状态,将向 TLC5620 写入的命令字采用子程序完成。命令字为双字节:第一个字节为通道代码和倍率命令字,第二个字节为转换的数据。程序中所产生的波形幅度和周期都是由寄存器 R3 中的初值决定的。可以通过尝试改变 R3 的初值(VOLU),来观察波形的幅度和周期的变化,如图 11-14 所示。

【C 语言编程】

```c
#include "reg51.h"
unsigned char a,b,c,d,temp,i,vouta=0x00,voutb=0x00;
sbit clk=P1^1;
sbit dat=P1^0;
sbit load=P1^2;
sbit ldac=P1^3;
void send()              /* 写入 1 个字节数据的子函数 */
{
   for(i=0;i<8;i++)
     { clk=1;
       temp=temp<<1;
       dat=CY;clk=0;
     }
}

void show()              /* 写入 2 字节控制命令的子函数 */
 {
    temp=a;
    clk=0;
    send();
    temp=b;
    clk=0;
    send();
    load=0;
    ldac=1;
    ldac=0;
    load=1;
```

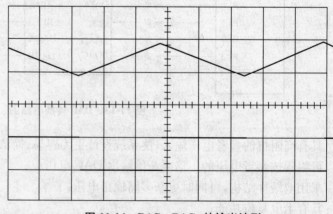

图 11-14   DAC$_A$、DAC$_B$ 的输出波形

```
    }
void main()
    {
    clk = 0;
    dat = 0;
    load = 1;
    ldac = 1;
    c = 0xff;
    vouta = 0;
    voutb = 0;
    d = 0;
    while(1)                 /* 实现 DAC 转换的无限循环结构 */
        {
        if(c! = 0)           /* c:计数器。初值 255 */
            {
            a = 0x01;        /* a:通道代码(A 通道)和转换倍率控制位 */
            b = vouta;                /* b:待转换的数据字节(锯齿波) */
            show();          /* 调用数据交换子函数(2 字节写入)*/
            if(d = = 0xff)   /* d:控制锯齿波的上升、下降标志(0:上升)*/
              {b - - ; voutb = 0xff;} /* 如果 d = 0xff:OUTA 产生下降沿;OUTB 输出高电
                                        平 */
              else { b + + ; voutb = 0;}       /* 否则 OUTA 产生上升沿;OUTB 输
                                                 出低电平 */
            vouta = b;
            a = 0x03;                 /* a:通道代码(B 通道)和转换倍率控制位 */
            b = voutb;       /* b:待转换的数据字节(方波波) */
            show();          /* 调用数据交换子函数(2 字节写入)*/
            c - - ;          /* c:循环计数器减一 */
            }
            else{c = 0xff;d = ~d;}   /* 如果计数器为零则重新装载初值,上升标志取
                                       反 */
        }
}
```

【**实例 99**】 温度传感器应用实例

1. 温度传感器 DS18B20 主要特性

1)适应电压范围更宽,电压范围:3.0~5.5V,在寄生电源方式下可由数据线供电。

2)独特的单线接口方式,DS18B20 在与微处理器连接时仅需要一条口线即可实现微处

器与 DS18B20 的双向通信。

3)DS18B20 支持多点组网功能,多个 DS18B20 可以并联在唯一的三线上,实现组网多点测温。

4)DS18B20 在使用中不需要任何外围元件,全部传感元件及转换电路集成在形如一只晶体管的集成电路内。

5)温度范围:$-55℃～+125℃$,在$-10℃～+85℃$时,精度为$±0.5℃$。

6)可编程的分辨率为 9～12 位,对应的可分辨温度分别为 0.5℃、0.25℃、0.125℃ 和 0.0625℃,可实现高精度测温。

7)9 位分辨率时最多在 93.75ms 内把温度值转换为数字,12 位分辨率时最多在 750ms 内把温度值转换为数字,速度更快。

8)测量结果直接输出数字温度信号,以"一线总线"串行传送给 CPU,同时,可传送 CRC 校验码,具有极强的抗干扰纠错能力。

9)负压特性:电源极性接反时,芯片不会因发热而烧毁,但不能正常工作。

2. 温度传感器 DS18B20 的外形和内部结构

DS18B20 内部结构主要由四部分组成:64 位光刻 ROM、温度传感器、非挥发的温度报警触发器 TH、TL 和配置寄存器。

1)光刻 ROM 中的 64 位序列号是出厂前被光刻好的,它可以看作是该 DS18B20 的地址序列码。64 位光刻 ROM 的排列是:开始 8 位(28H)是产品类型标号,接着的 48 位是该 DS18B20 自身的序列号,最后 8 位是前面 56 位的循环冗余校验码($CRC=X8+X5+X4+1$)。光刻 ROM 的作用是使每一个 DS18B20 都各不相同,这样就可以实现一根总线上挂接多个 DS18B20 的目的。

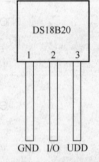

图 11-15 DS18B20 传感器外形及管脚排列

2)DS18B20 中的温度传感器可完成对温度的测量,以 12 位转化为例:用 16 位符号扩展的二进制补码读数形式提供,以 0.0625℃/LSB 形式表达,其中,S 为符号位。

DS18B20 的外形及管脚排列如图 11-15 所示。

DS18B20 引脚定义:

DQ 为数字信号输入/输出端;

GND 为电源地;

VDD 为外接供电电源输入端(在寄生电源接线方式时接地)。

DS18B20 的内部结构如图 11-16 所示。

DS18B20 高速暂存器共 9 个存储单元,见表 11-6。

DS18B20 中的温度传感器可完成对温度的测量,以 12 位转化为例,说明温度高低字节的存放形式及计算:这是 12 位转化后得到的 12 位数据,存储在 DS18B20 的两个 8 比特的 RAM 中,二进制中的前面 5 位是符号位。如果测的的温度大于 0,这 5 位为 0,只要将测到的数值乘以 0.0625,即可得到实际温度;如果温度小于 0,这 5 位为 1,测到的数值需要取反加 1 再乘以 0.0625,即可得到实际温度。

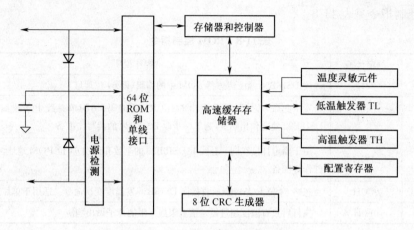

图 11-16 DS18B20 的内部结构

表 11-6 高速暂存器存储单元

序号	寄存器名称	作用	序号	寄存器名称	作用
0	温度低字节	以 16 位补码形式存放	4	配置寄存器	
1	温度高字节		5、6、7	保留	
2	TH/用户字节 1	存放温度上限	8	CRC	
3	HL/用户字节 2	存放温度下限			

例如:+125℃的数字输出为 07D0H,+25.0625℃的数字输出为 0191H,-25.0625℃的数字输出为 FF6FH,-55℃的数字输出为 FC90H。

3)温度传感器 DS18B20 的工作原理。

DS18B20 测温原理:低温度系数晶振的振荡频率受温度影响很小,用于产生固定频率的脉冲信号送给计数器 1。高温度系数晶振随温度变化其振荡率明显改变,所产生的信号作为计数器 2 的脉冲输入。计数器 1 和温度寄存器被预置在-55℃所对应的一个基数值。计数器 1 对低温度系数晶振产生的脉冲信号进行减法计数,当计数器 1 的预置值减到 0 时,温度寄存器的值将加 1,计数器 1 的预置将重新被装入,计数器 1 重新开始对低温度系数晶振产生的脉冲信号进行计数,如此循环,直到计数器 2 计数到 0 时,停止温度寄存器值的累加,此时温度寄存器中的数值即为所测温度。

4)温度传感器 DS18B20 的控制方式。DS18B20 RAM 有 6 条控制指令,如表 11-7 所示。

表 11-7 RAM 6 条控制指令

指令	约定代码	操作说明
温度转换	44H	启动 DS18B20 进行温度转换
读暂存器	BEH	读暂存器 9 个字节内容
写暂存器	4EH	将数据写入暂存器的 TH、TL 字节
复制暂存器	48H	把暂存器的 TH、TL 字节写到 EERANM 中
重新调 EERAM	B8H	把 EERAM 中的 TH、TL 字节写到暂存器 TH、TL 字节
读电源供电方式	B4H	启动 DS18B20 发送电源供电方式的信号给主 CPU

ROM 控制指令见表 11-8。

表 11-8   ROM 控制指令

指令	约定代码	操作说明
读 ROM	33H	读 DS18B20 温度传感器 ROM 中的编码(即 64 位地址)
符合 ROM	55H	发出此命令之后,接着发出 64 位 ROM 编码,访问单总线上予改编码相对应的 DS18B20 使之作出响应,为下一步改 DS18B20 的读写作准备
搜索 ROM	0FOH	用于确定挂接在同一总线上 DS18B20 的个数和识别 64 位 ROM 地址。为操作各器件作好准备
跳过 ROM	0CCH	忽略 64 位 ROM 地址,直接向 DS18B20 发温度变换命令。适用于单片工作
警告搜索命令	0E0H	执行后只有温度超过设定值上限或下限的片子做出响应

5)温度传感器 DS18B20 的通信协议。

DS18B20 器件要求采用严格的通信协议,以保证数据的完整性。该协议定义了几种信号类型:复位脉冲、应答脉冲。时序:写 0 写 1 时序;读 0 读 1 时序。与 DS18B20 的通信一样,是通过操作时序完成单总线上的数据传输。发送所有的命令和数据时,都是字节的低位在前,高位在后。

a. 复位和应答脉冲时序。每个通信周期起始于微控制器发出的复位脉冲,其后紧跟 DS18B20 发出的应答脉冲。在写时序期间,主机向 DS18B20 器件写入数据;在读时序其间,主机读入来自 DS18B20 的数据。在每一个时序,总线只能传输一位数据。时序图如图 11-17 所示。

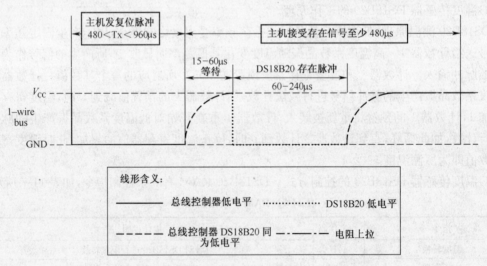

图 11-17   复位时序图

b. 写时序。当主机总线将单总线 DQ 从逻辑高位拉到逻辑低位时,即启动一个写时序。所有的写时序必须在 $60\sim120\mu s$ 之间完成,且在每个循环之间至少需要 $1\mu s$ 的恢复时间。写 0 和写 1 时序,如图 11-18 所示。在写 0 时序期间,微控制器在整个时序中将总线拉低;而在写 1

时序期间,微控制器将总线拉高,然后在时序起始 15μs 之后释放总线。时序图如图 11-18 所示。

　　c. 读时序。DS18B20 器件仅在主机发出读时序时才向主机传输数据,所以,在主机发出读数据命令后,必须马上产生读时序,以便 DS18B20 能够传输数据。所有的读时序至少需要 60μs,且在两次独立的读时序之间,至少需要 1μs 的恢复时间。每个读时序都由主机发起,至少拉低总线 1μs。在主机发起读时序之后,DS18B20 器件才开始在总线上发送 0 或 1。若 DS18B20 发送 1,则保持总线为高电平;若发送为 0,则拉低总线。当发送 0 时,DS18B20 在该时序结束后,释放总线,由上拉电阻将总线拉回至高电平状态。DS18B20 发出的数据,在起始时序之后保持的有效时间为 15μs,因而,主机在读时序期间,必须释放总线,并且在时序起始后的 15μs 之内采样总线的状态。

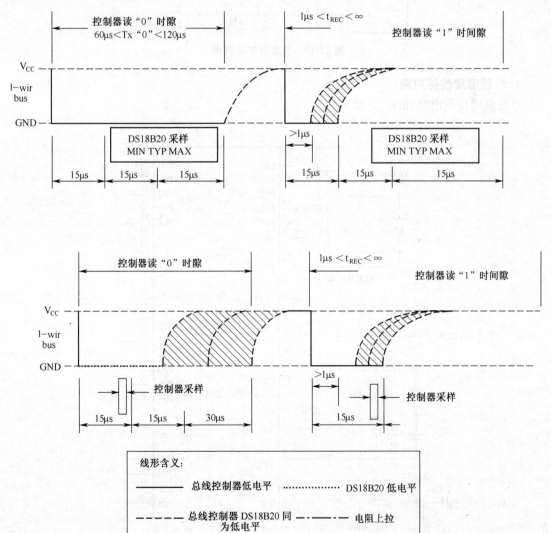

图 11-18　DS18B20 读写时序图

6)温度传感器 DS18B20 的供电方式。

方式一：寄生电源

寄生电源的方框图如图 11-19 所示。

这个电路会在 I/O 或 VDD 引脚处于高电平时"偷"能量。当有特定的时间和电压需求时，I/O 要提供足够的能量。

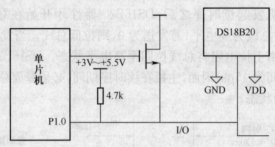

图 11-19   传感器的接线图

3. 单线温度检测电路

单线温度检测电路如图 11-20 所示。

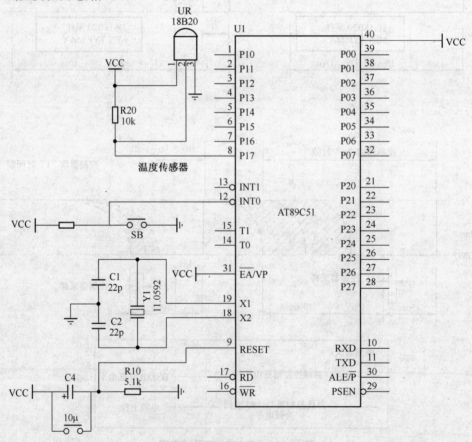

图 11-20   温度传感器电路图

```c
//18B20 单线温度检测
# include<REG52. H>
# include<math. h>
# include<INTRINS. H>
# define uchar unsigned char
# define uint unsigned int;
sbit seg1 = P2^0;
sbit seg2 = P2^1;
sbit seg3 = P2^2;
sbit DQ = P1^7;//ds18b20 端口
sfr dataled = 0x80;//显示数据端口
uchar temp;
uchar flag_get,count,num,minute,second;
uchar code tab[] = {0x3f,0x06,0x5b,0x4f,0x66,0x6d,0x7d,0x07,0x7f,
0x6f};//7 段数码管段码表共阳
uchar str[3];
void delay1(uchar MS);
unsigned char ReadTemperature(void);
void Init_DS18B20(void);
unsigned char ReadOneChar(void);
void WriteOneChar(unsigned char dat);
void delay(unsigned int i);
main()
{
TMOD| = 0x01;//定时器设置
TH0 = 0xef;
TL0 = 0xf0;
IE = 0x82;
TR0 = 1;
P2 = 0x00;
count = 0;
while(1)
{
    str[2] = 0x39;//显示 C 符号
    str[0] = tab[temp/10]; //十位温度
    str[1] = tab[temp%10]; //个位温度
  if(flag_get = = 1)  //定时读取当前温度
```

```
        {
        temp = ReadTemperature();
        flag_get = 0;
        }
    }
}
void tim(void) interrupt 1 using 1//用于数码管扫描和温度检测间隔
{
TH0 = 0xef;//定时器重装值
TL0 = 0xf0;
num + + ;
if (num = = 50)
    {num = 0;
    flag_get = 1;//标志位有效
        second + + ;
        if(second> = 60)
          {second = 0;
            minute + + ;
            }
        }
count + + ;
if(count = = 1)
  {P2 = 0;
  dataled = str[0];}//数码管扫描
if(count = = 2)
  {P2 = 1;
    dataled = str[1];}
if(count = = 3)
  { P2 = 2;
    dataled = str[2];
    count = 0;}
}
void delay(unsigned int i)//延时函数
{
while(i - - );
}//18b20 初始化函数
void Init_DS18B20(void)
```

```
{
unsigned char x = 0;
DQ = 1;      //DQ 复位
delay(8);   //稍做延时
DQ = 0;       //单片机将 DQ 拉低
delay(80); //精确延时 大于 480us
DQ = 1;       //拉高总线
delay(10);
x = DQ;        //稍做延时后 如果 x = 0,则初始化成功;x = 1 则初始化失败
delay(5);
}//读一个字节
unsigned char ReadOneChar(void)
{
unsigned char i = 0;
unsigned char dat = 0;
for (i = 8;i > 0;i - -)
  {
  DQ = 0; // 给脉冲信号
  dat >> = 1;
  DQ = 1; // 给脉冲信号
  if(DQ)
  dat| = 0x80;
  delay(5);
}
return(dat);
}//写一个字节
void WriteOneChar(unsigned char dat)
{
unsigned char i = 0;
for (i = 8; i > 0; i - -)
{
  DQ = 0;
  DQ = dat&0x01;
  delay(5);
  DQ = 1;
  dat >> = 1;
}
```

```
delay(5);
}//读取温度
unsigned char ReadTemperature(void)
{
unsigned char a = 0;
unsigned char b = 0;
unsigned char t = 0;
//float tt = 0;
Init_DS18B20();
WriteOneChar(0xCC); // 跳过读序号列号的操作
WriteOneChar(0x44); // 启动温度转换
delay(200);
Init_DS18B20();
WriteOneChar(0xCC); //跳过读序号列号的操作
WriteOneChar(0xBE); //读取温度寄存器等,前两个就是温度
a = ReadOneChar();
b = ReadOneChar();
b<< = 4;
b+ = (a&0xf0)>>4;
t = b;
//tt = t * 0.0625;
//t = tt * 10 + 0.5; //放大 10 倍输出并四舍五入
return(t);
}
```

【实例 100】 日历时钟芯片应用实例

1. 日历芯片选择

DS12C887 可以长时间地记录包括日历、星期在内的时间信息,并且存储的时间信息在掉电情况下,可以保存 10 年。达拉斯公司的日历时钟芯片作为实时时钟芯片,为系统提供详细的年、月、日、星期和小时、分钟等时间信息(本例中时间信息之需要精确到分钟)。

DS12C887 是一款 CMOS 技术实时时钟芯片,其主要功能特性如下。

1)带有内部晶体振荡器并内置有锂电池,在无外部供电的情况下保存数据 10 年以上。

2)具有秒、分、时、星期、日、月、年计数,并有闰年修正功能。

3)时间显示可以选择 24 小时模式或者带有"AM"和"PM"指示的 12 小时模式。

4)时间、日历和闹钟均具有二进制码和 BCD 码两种形式。

5)内部具有闹钟中断、周期性中断、时钟更新周期结束中断,且 3 个中断源可分别由软件屏蔽。

6)内部有 128BRAM,其中,15B 为时间和控制寄存器,113B 为通用 RAM。所有 RAM 单

元都具有掉电保护功能,因此,可被用作非易失性 RAM。

7)可输出可编程的防波信号。

2. 芯片简介

(1)DS12C887 日历时钟芯片

1)DS12C887 日历时钟芯片内部结构。日历时钟芯片选用 DS12C887,其引脚分布如图 11-21 所示。

要进一步了解该 DS12C887 的内部结构,如图 11-22 所示。

由图 11-22 可知,DS12C887 内部可看成由电源、时钟日历信息、寄存器和存储区以及纵向接口四部分非和工作,共同实现了芯片的功能。

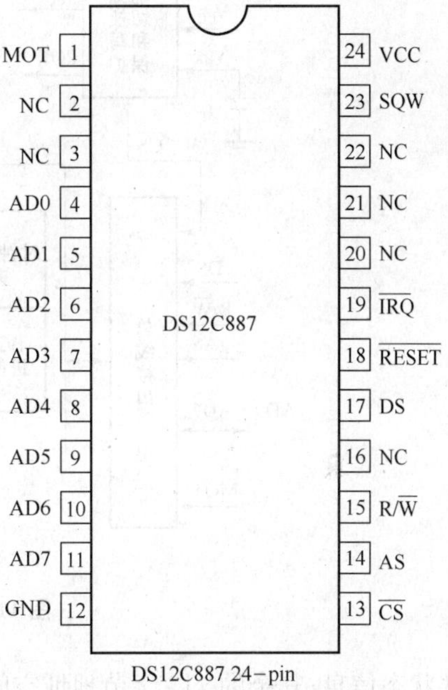

DS12C887 的具体引脚功能如下:

MOT(1 脚):总线时序模式选择脚。接高电平,选择 Motorola 总线时序;接低电平或悬空,选择 Intel 总线时序。

NC(2、3、16、20、21、22 脚):悬空脚。

AD0~AD7(4~11 脚):地址/数据复用总线引脚。

GND(12 脚):接地端。

CS(13 脚):片选脚,低电平有效。

AS(14 脚):地址锁存输入脚。下降沿时,地址被

锁存,紧接着上升沿到来时地址被清除。

DS12C887 24-pin

图 11-21　DS12C887 引脚分布

R/W(15 脚):读/写输入脚。在选择 Motorola 总线时序模式时,此引脚用于指示当前的读写周期,高电平指示当前为读周期,低电平指示当前为写周期;选择 Intel 总线时序模式时,此引脚为低有效的写输入脚,相当于通用 RAM 的写使能信号(/WE)。

DS(17 脚):选择 Motorola 总线时序模式时,此引脚为数据锁存引脚;选择 Intel 总线时序模式时,此引脚为读输入脚,低有效,相当于典型内存的输出使能信号(/OE)。

RESET(18 引脚):复位脚,低有效。复位不会影响到时钟、日历和 RAM。

IRQ(19 脚):中断申请输出脚,低有效。可用作微处理的终端输入。

SQW(23 脚):方波信号输出脚。可通过设置寄存器位 SQWE 关闭此信号输出,此信号的输出频率也可通过对芯片内的寄存器编程予以改变。

VCC(24 脚):+5V 电源端。

2)DS12C887 的内存空间。DS12C887 的内存空间共 128 个字节,其中,11 个字节专门用于存储时间、星期、日历和闹钟信息;4 个字节专门用于控制和存放状态信息;其余 113 个字节为用户可以使用的普通 RAM 空间。地址 0x00~0x09 共 10 个寄存器,分别存放的是秒、秒闹钟、分钟、分闹钟、小时、时闹钟、星期、日、月和年信息,地址 0x32 为世纪信息寄存器(解决了千年问题);地址 0x0A~0x0D 共 4 个寄存器,分别为寄存器 A、B、C、D,它们用于控制和存放某

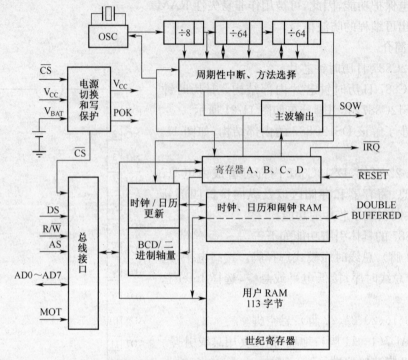

图 11-22   DS12C887 内部结构图

些状态信息；其余的 113 字节地址空间是留给用户使用的普通内存空间。

根据此地址映射关系和芯片片选的设置(有单片机的 P2.0 反相提供)，可以得到每个特定寄存器在程序中的地址，即 0x0100 中的地址偏移。比如，日信息寄存器的地址为 0x0107，控制寄存器 B 的地址为 0x010B。

在所有的 128 字节中，寄存器 C 和 D 为只读寄存器，寄存器 A 的第 7 位属于只读位，秒字节的高阶位也是只读的，其余字节均为可读写字节。

时钟、日历信息可以通过读取合适的内存字节获得；时钟、日历和闹钟可以通过写合适的内存字节进行设置或初始化。对应时钟、日历和闹钟的 10 个寄存器字节可以是二进制形式或 BCD 码形式。在写这些寄存器时，寄存器 B 的 SET 位必须置 1。

寄存器各个位的代表含义：

UIP：更新标志位。为只读位且不会受复位操作影响。为 1 时，表示即将发生数据更新；为 0 时，表示至少 244us 不会更新数据。当 UIP 为 0 时，可以获得所有时钟、日历和闹钟信息。将寄存器 B 中的 SET 位置 1，可以限制任何数据更新操作，并且清除 UIP 位。

DV2、DV1、DV0：此 3 位为 010 是将晶振打开，开始计时。

RS3、RS2、RS1、RS0：用于设置周期性中断产生的时间周期和输出方波的频率。具体设置可详见芯片资料。

SET：设置位，可读写，不受复位操作影响。为 0 时，不处于设置状态，芯片进行正常时间数据更新；为 1 时，抑制数据更新，可以通过程序设置时间和日历信息。

PIE:周期性中断使能位,可读写,复位时清除此位。为 1 时,允许寄存器 C 中的周期中断标志位 PF,驱动/IRQ 引脚为低,产生中断信号输出,中断信号产生的周期由 RS0～RS3 决定。

AIE:闹钟中断使能位,可读写。为 1 时,允许寄存器 C 中的闹钟中断标志位 AF,闹钟发生时,就会通过/IRQ 引脚产生中断输出。

UIE:数据更新结束中断使能位,可读写,复位或者 SET 位为 1 时清除此位。为 1 时,允许寄存器 C 中的更新结束标志 UF,更新结束时,就会通过/IRQ 引脚产生中断输出。

SQWE:方波使能位,可读写,复位时清除此位。为 0 时,SQW 引脚保持低电平;为 1 时,SQW 引脚输出方波信号,其频率由 RS0～RS3 决定。

DM:数据模式位,可读写,不受复位操作影响。为 0 时,设置时间、日历信息为二进制数据;为 1 时,设置为 BCD 码数据。

24/12:时间模式设置位,可读写,不受复位操作影响。为 0 时,设置为 12 小时模式;为 1 时,设置为 24 小时模式。

DSE:为 1 时,会引起两次特殊的时间更新:4 月的第一个星期日凌晨 1:59:59 会直接更新到 3:00:00,十月的最后一个星期日凌晨 1:59:59 会直接更新到 1:00:00;为 0 时,时间信息正常更新。此位可读写,不受复位操作影响。

IRQF:中断申请标志位。为 1 时,/IRQ 引脚为低,产生中断申请。当 PF、PIE 为 1 或者 AF、AIE 为 1 或者 UF、UIE 为 1 时,此位为 1,否则置 0。

PF:周期中断标志位。它是只读位,和 PIE 位状态无关,由复位操作或读寄存器 C 操作清除。

AF:闹钟中断标志位。为 1 时,表示当前时间和设定的闹钟时间一致,由复位操作或读寄存器 C 操作清除。

UF:数据更新结束中断标志位。每个更新周期之后此位都会置 1。当 UIE 位置 1 时,UF 若为 1,就会引起 IRQF 置 1,将驱动/IRQ 引脚为低电平,申请中断。此位由复位操作或读寄存器 C 操作清除。

VRT:RAM 和时间有效位。用于指示和 V 引脚链接的电池状态。此位不可写,也不受复位操作影响,正常情况下读取时总为 1,如果出现读取为 0 的情况,则表示电池耗尽,时间数据和 RAM 中的数据出现问题。

芯片 DS12C887 的 113 字节普通 RAM 空间为非易失性 RAM 空间,它不专门用于某些特别的功能,而是可以在微处理器程序中作为非易失性内存空间使用。

3)由 DS12C887 芯片获取时间信息。DS12C887 用的是 8 位地址/数据复用的总线方式,它同样具有一个锁存引脚,通过读、写、锁存信号的配合,可以实现数据的输入输出。控制 DS12C887 内部的控制寄存器、读取 DS12C887 内部的时间信息寄存器,DS12C887 的各种寄存器在其内部空间都有相应的固定地址,因此,单片机通过正确的寻址和寄存器操作,就可以获取所需要的时间信息。

(2)显示驱动芯片

MAX7218B 是一款串行共阴极,数码管动态扫描显示驱动芯片,其峰值段电流可达 40mA,最高串行扫描频率为 10MKz,用户可以方便地修改其内部参数,以实现多位 LED 显示。它内含硬件动态扫描显示控制电路,每片芯片可以同时驱动 8 位共阴极 LED 或 64 个独立的 LED。引脚排列功能图如图 11-23 所示。硬件电路框图如图 11-24 所示。

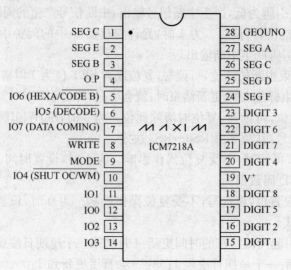

SEG C	1	28	GEOUNO
SEG E	2	27	SEG A
SEG B	3	26	SEG C
O.P	4	25	SEG D
IO6 (HEXA/$\overline{\text{CODE B}}$)	5	24	SEG F
IO5 ($\overline{\text{DECODE}}$)	6	23	DIGIT 3
IO7 (DATA COMING)	7	22	DIGIT 6
$\overline{\text{WRITE}}$	8	21	DIGIT 7
MODE	9	20	DIGIT 4
IO4 (SHUT OC/WM)	10	19	V$^+$
IO1	11	18	DIGIT 8
IO0	12	17	DIGIT 5
IO2	13	16	DIGIT 2
IO3	14	15	DIGIT 1

ICM7218A

图 11-23   MAX7218B 封装图

3. 电路图

硬件电路包括单片机电路、实时时钟芯片电路和数码管显示输出电路,其结构框图如图 11-24 所示。

4. 程序及程序框图

程序框图如图 11-25 所示。

程序如下:

```
#include <reg52.h>
#include <absacc.h>

#define uchar unsigned char
#define uint unsigned int
#define D7218B1 XBYTE[0xfd00]
#define D7218B2 XBYTE[0xfb00]

/* DS12C887 内部专用寄存器宏定义 */
#define SECOND XBYTE[0xfe00]
#define MIN XBYTE[0xfe02]
#define HOUR XBYTE[0xfe04]
#define WEEK XBYTE[0xfe06]
#define DAY XBYTE[0xfe07]
#define MONTH XBYTE[0xfe08]
#define YEAR XBYTE[0xfe09]
```

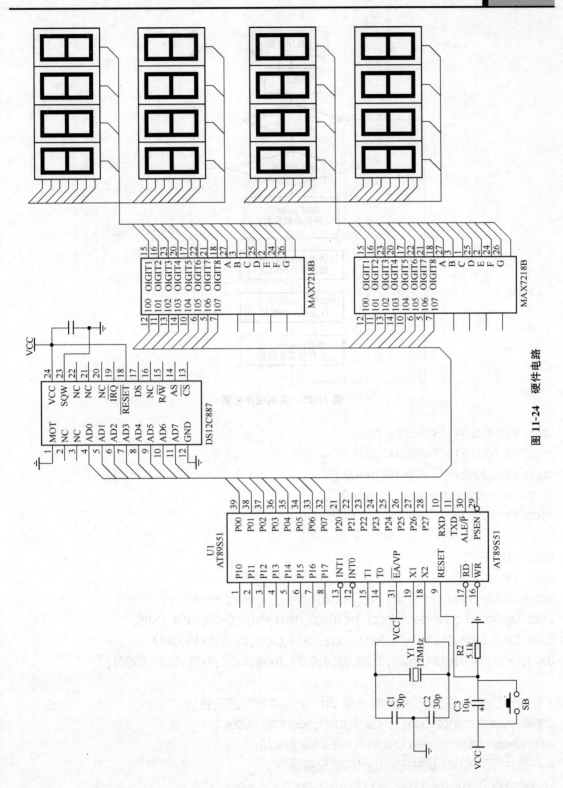

图 11-24　硬件电路

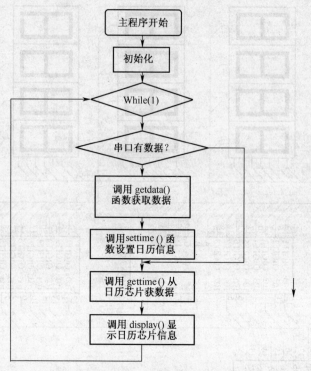

图 11-25   实例程序框图

```
#define REG_A XBYTE[0xfe0a]
#define REG_B XBYTE[0xfe0b]
#define setday      XBYTE[0xfe0e]
#define setmonth   XBYTE[0xfe0f]
#define setyear     XBYTE[0xfe10]


sbit   D1 = P3^0;
sbit   D2 = P3^1;
uchar data   disp_buff[16] _at_ 0x70;
code unsigned char dectobcd[] = {0x00;0x01,0x02,0x03,0x04,0x05,
0x06,0x07,0x08,0x09,0x10,0x11,0x12,0x13,0x14,0x15,0x16,0x17,
0x18,0x19,0x20,0x21,0x22,0x23,0x24,0x25,0x26,0x27,0x28,0x29,0x30};


/* 由串口获得的日历时钟信息变量,用于对芯片时间的设置 */
uchar year1,month1,day1,hour1,min1,second1,week1;
uint weeknumber,weeknumber1,weeknumber10;
/* 芯片 DS12C887 提供的日历时钟信息变量 */
uchar year2,month2,day2,hour2,min2,second2,week2;
```

```
//************************************
*******************
//          延时函数
void delay(unsigned int i)
    {while(i--);}


uchar getdata()
{
    day1 = 0x18;
    hour1 = 0x13;
    min1 = 0x57;

    year1 = 0x08;
    month1 = 0x12;
    second1 = 0x40;
    week1 = 0x04;
}


/* 设置日历和时钟函数 */
void settime()
{
    REG_B = REG_B|0x80;          // SET = 1,芯片 DS12C887 处于设置状态
    YEAR = year1;
    MONTH = month1;
    DAY = day1;
    HOUR = hour1;
    MIN = min1;
    SECOND = second1;
    WEEK = week1;
    setyear = 0x08;
    setmonth = 0x08;
    setday = 0x25;
    REG_B = REG_B&0x7f;      // SET = 0,芯片 DS12C887 恢复正常数据更新状态
}
```

```
void gettime()
{
    while (REG_A&0x80 = = 0x00)// 直到 UIP = 0 时，才能读取日历时钟信息
    {
        year2 = YEAR;
        month2 = MONTH;
        day2 = DAY;
        hour2 = HOUR;
        min2 = MIN ;
        second2 = SECOND;
        week2 = WEEK;


    }

}
        //计算天数函数

uint daynumber(aaayear,aaamonth,aaaday)

    uint aaayear,aaamonth,aaaday;

{

    uint yeardaynumber,len,monthdaynumber;
    uint i;

yeardaynumber = 0 ;
monthdaynumber = 0;
    while(aaayear>8)
    {
    if      (aaayear%4 = = 0)          yeardaynumber = yeardaynumber + 366;else
yeardaynumber = yeardaynumber + 365;
aaayear = aaayear − 1;
    }

for (i = 1;i< = aaamonth − 1;i+ + )
    {switch (i)
        {
```

```
        case 1:len=31;break;
        case 3:len=31;break;
        case 5:len=31;break;
        case 7:len=31;break;
        case 8:len=31;break;
        case 10:len=31;break;
        case 12:len=31;break;
        case 4:len=30;break;
        case 6:len=30;break;
        case 9:len=30;break;
        case 11:len=30;break;
        case 2:if(aaayear%4==0)len=29;else len=28;break;

        }

    monthdaynumber=monthdaynumber+len;

    }
    return (yeardaynumber+monthdaynumber+aaaday);

}

/* 获取日历时钟函数 */

  void xs7218()
{  D1=1;
   D7218B1=0x90;
   D1=0;
   D7218B1=disp_buff[0]+0x80;
   D7218B1=disp_buff[1]+0x80;
   D7218B1=disp_buff[2]+0x80;
   D7218B1=disp_buff[3]+0x80;
   D7218B1=disp_buff[4]+0x80;
   D7218B1=disp_buff[5]+0x80;
   D7218B1=disp_buff[6]+0x80;
   D7218B1=disp_buff[7]+0x80;
```

```
    D2 = 1;
    D7218B2 = 0x90;
    D2 = 0;
    D7218B2 = disp_buff[8] + 0x80;
    D7218B2 = disp_buff[9] + 0x80;
    D7218B2 = disp_buff[10] + 0x80;
    D7218B2 = disp_buff[11] + 0x80;
    D7218B2 = disp_buff[12] + 0x80;
    D7218B2 = disp_buff[13] + 0x80;
    D7218B2 = disp_buff[14] + 0x80;
    D7218B2 = disp_buff[15] + 0x80;
}


/* 13 位数码管显示年、月、日、星期、时、分 */
void display()
{
    disp_buff[0]  = YEAR>>4;
    disp_buff[1]  = YEAR&0x0f;
    disp_buff[2]  = MONTH>>4;
    disp_buff[3]  = MONTH&0x0f;
    disp_buff[4]  = DAY>>4;
    disp_buff[5]  = DAY&0x0f;
    disp_buff[6]  = HOUR>>4;
    disp_buff[7]  = HOUR&0x0f;
    disp_buff[8]  = MIN>>4;
    disp_buff[9]  = MIN&0x0f;
    disp_buff[10] = SECOND>>4;
    disp_buff[11] = SECOND&0x0f;
    disp_buff[12] = WEEK&0x0f;
    disp_buff[13] = weeknumber10;
    disp_buff[14] = weeknumber1;
    xs7218();
}


/* 串口初始化函数 */
//void init_serial()
```

```
//{
//    TMOD = 0x20;                        // 定时器 T1 使用工作方式 2
//    TH1 = 250;
//    TL1 = 250;
//    TR1 = 1;            // 开始计时
//P  CON = 0x80;              // SMOD = 1
//    SCON = 0x50;                // 工作方式 1,波特率 9600kbit/s,允许接收 //
void main(void)
{

    /* 设置 DV2、DV1、DV0 为 010,打开芯片 DS12C877 内部晶振 */
    REG_A = REG_A&0xaf;                    // DV2 = DV0 = 0
    REG_A = REG_A|0x20;            // DV1 = 0

    REG_B = REG_B&0x7b;        // SET = 0,时间数据正常更新;DM = 0,二进制数据模式
    REG_B = REG_B|0x02;
    getdata();
    gettize();

        settime();

    display();                // 寄存器 B 的 24/12 位置 1,24 小时时间模式
    while (1)
    {
            REG_A = REG_A&0xaf;            // DV2 = DV0 = 0
          REG_A = REG_A|0x20;            // DV1 = 0

            REG_B = REG_B&0x7b;        // SET = 0,时间数据正常更新;DM = 0,二进制数
据模式
            REG_B = REG_B|0x02;
        gettime();
        delay(600);
        /* 13 位数码管显示日历、星期和时间信息 */

        display();
    }
}
```